被利用的價值

互利人脈關係學，打造最穩固商業友誼

ng Used

惠丞 —— 著

目錄

第一章　贏在第一印象，良好的社交從形象開始

第二章　撥開人脈的面紗：交友必交實力派

第三章　人脈就是命脈：少什麼不能少人脈

第四章　打造牢固的人脈基礎：注重提升自我修養

第五章　搭建人脈資源的寶典策略：結交友人講究方法

第六章　人脈資源離不開精心的維護：有投資才能夠獲得回報

第七章　謹慎交友，看好人脈的門檻：與什麼人交往很重要

第八章　突破人脈交往障礙：自己走出去，才能請進來

第十一章　經營職場人脈：成為玩轉職場的高人

前言

著名的成功學專家陳安之曾經說過：「成功＝知識＋人脈，其中知識占百分之三十，人脈占百分之七十。」美國前總統西奧多．羅斯福也曾經說過：「成功的第一要素是懂得如何處理好人際關係。」

在現如今這樣一個經濟時代，技術、知識發展迅速，如果你能夠懂得如何經營人脈，那麼就會強化你的競爭力。善用人脈，勤奮耕耘，就可以得到數倍的收穫。

其實，對於我們每一個人來說，構建人脈網路，並不僅僅只是在危難的時候才需要，在我們生活當中的每一天都需要。因為想要獲得成功，除了需要依靠自己之外，更為重要的還需要依靠人脈。

而人的成功也只能夠來自於他所處的人群及生活的現有社會，一個人只有在生活的社會當中遊刃有餘、八面玲瓏，才能夠為自己事業的成功開拓更加廣闊的道路。

我們試想，當我們想要開創自己事業的時候，必須具備的條件是什麼呢？你一定會脫口而出：資金和技術。確實如此，但是這些並不是最重要的，最為重要的還是人脈。如果你有了足夠豐富的人脈資源，那麼所謂的資金和技術問題也就會迎刃而解了。

而這種與關鍵人物取得聯繫的有利條件，就是我們常說的「人脈力量」。社會就好像是一張由每一條人際紐帶編織成的人脈網路，身為網中的人，只有充分利用網中的各種資源，才能夠得到真正的機會，也才能夠賺取更多的金錢，從而更好的實現自己的理想與抱負。

就好像一位成功的商人曾經說過的一樣：「人際關係就像播種一樣，播種越早，收穫越早；撒下的種子越多，你收穫得也越多。」

當然，眾所周知，一種人際關係是否可以給我們帶來利益回報，這完全取決於自己能否進行人脈的精心經營和維護。因此，那些培養人脈的技巧，自然也就成為了我們不得不去面對的重要課題。

本書正是透過向廣大讀者介紹開拓人脈、維護人脈、經營人脈、提升人脈等技巧和其重要性，從而進一步闡明了超級人脈法則的真正內涵，希望透過此書，能夠幫助讀者打開視野，練就一身人脈交際的好本領。

第一章

贏在第一印象，良好的社交從形象開始

注意自己的形象，交際更容易成功

我們每個人都有兩張名片：一張是現實生活當中的名片，上面有自己的名字和各種聯繫方式，這可以算是顯性的。而另一張名片的價值卻遠遠超越了前者，因為它更容易讓別人記住你，也更容易讓別人靠近你。因為它是「隱形」的，所以它總是處在被眾多人「遺忘的角落」，而這張名片就是人的形象。

在日常工作當中，很多人都為生活奔波和忙碌著，往往對自己的外表不加重視。或者說是因為過於忙碌，根本沒有時間去顧及自己的形象。

但是外表真的不重要嗎？答案顯然是否定的，相信你也曾經聽過「細節決定成敗」這句話。往往一個小小的差錯、一次失態、一句說錯的話，可能就會讓一件馬上就能敲定的事情泡湯，煮熟的鴨子飛了，這種功虧一簣的沮喪，肯定會讓你後悔莫及。

形象不僅僅展現在言談舉止中，更展現在外部的形態中，比如高矮胖瘦等。形象還能夠展現一個人的心態，比如喜怒哀樂。而且更為重要的是，形象所顯現出的是人的品格和意志，更是判斷一個人走向成功與否的重要標誌。

我們每個人的心裡都有衡量他人形象的標準，但是無論是什麼樣的標準，大家都會認同這樣一個共識：那些長得英俊漂亮、穿著時髦闊綽、譁眾取寵的人未必是最有影響力的人，甚至還會給人留下粗野、鄙俗、輕佻、膚淺的印象。相反，有的人雖然長相一般，但是胸懷寬廣、品德高尚、平易近人，再加上從容不迫、堅忍自律的個性，所及之處，絕對是能夠發出一種磁鐵般的魅力訊號。這種訊號，就是具有影響力的形象。

擁有自信的肢體語言可以讓你在人群當中變得更加突出，讓別人更容易注意到你。日本形象專家，《如何成為有魅力的人》的作者西松真子表示，最有自信的姿勢那就是下頜微微上揚，與地平線保持大約十度。除此之外，不要漫無目的四處張望，這樣會顯出你的不安。眼睛一定要注視著周圍的人，如果碰巧與某個人的眼神交會，那麼一定要微笑，並向對方點頭，表現出自己的善意，這麼做才能夠增加彼此的好感。

你的站姿也非常重要，《姿勢會說話》的作者傑拉德．尼倫伯格在書中特別提到，雙手不要在胸前交叉，這樣會顯得你的防衛心重。也不要把手插在口袋內，讓人感覺沒有精神。

不過，也沒有必要為了讓別人注意你，而刻意凸顯自己的與眾不同，有的時候反而會弄巧成拙，顯得格格不入。正確的做法就是融入環境中，然後不留痕跡的凸顯自己的特色。

如果你是女性，那麼你不需要刻意選擇款式或者是顏色大膽的服飾，你可以搭配別具特色的小配件或飾品，例如戒指、耳環或者領巾等，既不會顯得與其他人太不一樣，又能夠讓人注意到你的獨特，甚至可以成為閒聊的話題之一，這樣話題就容易聊開，利於你的交際。

談吐機警，靈活言語展現魅力

如果你在大眾場合說話，總是詞不達意、語無倫次，那麼你怎麼能夠指望別人對你產生好感呢？從古至今，每一位具有強大影響力的成功人士都是善於表達、口才精湛的溝通大師，比如柯林頓、比爾蓋茲等無一例外。好口才等於是往自己的身上「貼金」，而你也將會因此成為引人矚目的人物。

唐代的文學家薛登少年的時候，父親在朝中做官。當時有一個奸臣金盛，總想陷害薛登的父親，一直在尋找機會。

有一天，他看見薛登正和一群孩子玩耍，於是就把算盤打到了小孩子的身上。金盛故意激將，對薛登說：「薛登，你們父子都像老鼠一樣膽小。」結果當時薛登氣不過，大聲反駁。金盛於是又說：「那你敢不敢把皇門邊上的桶砸掉一個？」薛登雖然年幼，但是聰明伶俐，看出了金盛的詭計，但同時在自己心中也生出一計，當即說：「當然敢。」之後果然一口氣跑到了皇門邊上，把立在那裡的雙桶砸掉了一個。金盛一看，心中自然是洋洋得意，立即飛報皇上。皇上大怒，立傳薛登父子問罪。

皇上怒喝薛登道：「大膽薛登，為什麼要砸掉皇門之桶？」薛登此時毫無懼色，抬起頭反問道：「皇上，您說是一桶（統）天下好，還是兩桶（統）天下好？」皇上一聽，馬上脫口而出：「當然是一統天下好啊！」薛登這個時候高興得拍起手來：「皇上說得對，一統天下好，所以，我就把多餘的那個『桶』給砸了。」

聽完了薛登的「妙答」，皇上不禁轉怒為喜，而且還稱讚薛登父親教子有方，氣得金盛火冒三丈。

這雖然是一則小孩子的事例，但對於我們大人來說也同樣具有借鑒作用。

生活中，人與人之間、人與社會之間的關係是相當密切的，為了處理好人際關係，結交到更多的朋友，我們每個人都少不了透過好口才來吸引別人的注意，甚至說好口才是人生的「試金石」，也不為過。

每個人都非常重視自己，而且也希望別人能夠重視自己，如果你與別人談他自己關心、感興趣的話題，那麼他肯定會對你大有好感，你們必定能成為很要好的朋友。只有懂得這個道理的人，才能夠真正把「舌粲蓮花」的本領發揮到極致。

為什麼口才好的人更容易引人注意、更容易結交到好朋友呢？那是因為會說話的人，是非常容易被人把其價值與口才聯繫到一起的。說話流利往往會讓人聯想到有才幹，別人就會願意託付重任。換句話說，要想讓對方更進一步了解你，信任你，那麼就要把自己的才幹透過言語談吐充分的表露出來。

注意語氣，這是你的聽覺名片

我們在與人溝通的過程中，雖然語言、文字只占了百分之七的影響力，但是這也是非常重要的。

現在，很多人說話都喜歡用一些習慣性的術語，或者是一些善用的詞彙。如果你能夠聽出對方的習慣語，並且也能夠經常使用這樣的口語，那麼對方一定會感到非常的親切，在聽到你說話的時候，也就會覺得特別的順耳，從而也就會對你產生好感，最終達到打通人脈、建立友誼的目的。

在與人溝通，特別是在提問的過程中，一定要誘發對方的興趣，透過問題來引導對方產生一個正面的回饋。

比如：你並沒有經過預約就去某人家中談論一些他非常不願意接受的事情，如果你問他：「你不會討厭我這個不速之客吧？」這樣的問題其實讓對方難以回答，也許他心裡這個時候正討厭得要命，但是他卻不便說出口。可是如果你這麼問他：「我想耽誤你一點點的時間，商量一件對你我都非常重要的事，你不會拒絕吧？」對方也許就會回答說：「當然不會。」

而且，在與人交往的過程中，不應該只是進行單向的資訊傳遞與接收，而應該在消除距離障礙的基礎上，進行雙向互動的交往和溝通，這其實也就是我們大家熟知的「互動零距離」溝通。

這樣一來，不僅能把自己的觀點有效的傳達給對方，而且也能夠與雙方的觀點有所交集，從而形成一定的共識，避免一些不必要的誤會，只有這樣，才能以自己獨特的原則和方法，與他人進行互動。

著名作家劉墉曾經講過這樣一個故事：

有一天，一位學生來到他的辦公室，一進門就問他的生日，之後又興匆匆的掏出一個掌上小電腦，把名字和生日輸入進去，緊接著在電腦的液晶螢幕上，就顯示出了一大堆「天格、地格、人格」之類的文字以及劉墉的「命盤」。

而此時，學生一行行念著，每念一段，就問他準不準。劉墉當時還真有些哭笑不得，於是就開玩笑的責怪他不應該學習算命。

可是沒有想到，那位學生居然還講出了一番「大道理」，此時的劉墉也打心底裡佩服他的機敏。

當時學生是這麼說的：「老師！你知道嗎？我就是用這個小電腦，不知道結交了多少朋友，辦成了多少別人辦不到的事情。每當我碰到陌生人的時候，我只要拿出小電腦，問需不需要算算，這樣一來，我就非常輕鬆的知道了他的名字和出生日期。緊接著，不需要考慮算命資訊是否準確，因為準的話他會點頭，不準的他搖頭。沒一會，我就把他祖宗三代，一家人口的資訊，全弄清楚了。」

之後，學生又帶著神秘口吻說：「老師！你要知道，當一個人把他的個人資料告訴你之後，他就會對你特別好，這可是我最高明的一招啊！」

其實，上面這個故事為我們提供了一個和別人迅速拉近距離的好辦法，那就是分享他的「個人資料」。

但是這裡面有一點我們也必須注意，在開始認識某個人的時候，我們雙方的祕密，哪怕是一些無傷大雅的祕密，都應該暫時封鎖起來。只有當兩個人的交往進入到了一定的深度之後，我們才可以與朋友說出自己的一些小祕密，並且能夠自嘲一番，可是在剛剛接觸的時候，一定要懂得揚善隱惡，避免交流中的「祕密」。

而且，在交往過程中，交談是拉近彼此距離最為有效的方法，而這裡面最為重要的就是說話的語氣，如果不注意說話的語氣，那麼勢必會影響彼此之間的溝通，無法達成交往的目的。

學會傾聽，打動別人的心

當你在與一個初次見面的人交談的時候，他或者耐心的洗耳恭聽，或者不停的做其他的事情。假如是後者，你會喜歡他嗎？答案很明顯，不會。

因此，當我們試圖與一個陌生人進行一段友好談話之前，一定要學會傾聽，傾聽他的每一句話，那麼很快，他就會對你這位忠實的「聆聽者」產生好感。

確實，如果一個人不管到了什麼地方，在什麼時間，總是滔滔不絕，急於發表自己的意見，不願意給別人說話的機會，那麼這樣的人一定是不討人喜歡的，他也注定無法累積更多的人脈資源。

傾聽能夠讓對方喜歡你，信賴你。因為我們每個人都希望獲得對方的尊重，受到別人的重視。當我們專心致志聽對方講話，努力的聽，甚至是全神貫注的聽講時，那麼對方一定會有一種被尊重和被重視的感覺，雙方之間的距離也勢必會越拉越近。

斯圖羅伯特是一位房屋仲介人員，有一次，在他遊說了幾個小時以後，顧客終於下定決心要買他推銷的房子，在這之後，他所要做的事情就是讓顧客走進自己的辦公室，然後把合約簽好。

當顧客向斯圖羅伯特的辦公室走去的時候，那位顧客開始向斯圖羅伯特提起了他的兒子。

「斯圖羅伯特，」顧客十分自豪的說，「我的兒子已經考進了普林斯頓大學，我兒子要當醫生了。」

「那真是太棒了。」斯圖羅伯特回答。倆人繼續向前走著，斯圖羅伯特這個時候卻看著其他的顧客。

「斯圖羅伯特，我的孩子是不是很聰明？你知道嗎，當他還是嬰兒的時候，我就發現他是非常聰明的。」

「成績肯定很不錯吧？」斯圖羅伯特這個時候應付著，眼睛朝四周看著。

「是的，在他們班算得上是最棒的。」

「那他高中畢業之後打算做什麼呢？」斯圖羅伯特更顯得心不在焉了。

「斯圖羅伯特，我剛才告訴過你的呀，他要到大學去學醫，將來做一名醫生。」

「噢，那真是太好了。」斯圖羅伯特說。

那位顧客又看了看斯圖羅伯特，感覺斯圖羅伯特太不重視自己所說的話，於是，他說了一句：「我該走了」，便快步走出了房屋仲介中心。而這個時候的斯圖羅伯特呆呆的站在那裡，完全不知道自己為什麼失去了這位客戶。

下班回到家後，斯圖羅伯特回想起今天的工作，他開始認真分析失去這位客戶的原因。

第二天一大早，斯圖羅伯特上班的第一件事情就是給昨天那位顧客打了一個電話：「我是斯圖羅伯特，我非常希望您能來 趟，我想我這裡有一間非常好的房子可以推薦給您。」

「哦，斯圖羅伯特先生，」顧客說，「我想讓你知道的是，我已經從別人那裡買到了房子。」

「我是從一個非常懂得欣賞我的房仲那裡買到的。斯圖羅伯特，當我在提到我為我兒子感到多麼的驕傲的時候，他是那麼認真的聽。」

顧客沉默了一會，接著說，「你知道嗎?斯圖羅伯特，你當時並沒有聽我說話，對你來說，我的兒子當不當醫生並不重要。你太不專業了。當別人跟你講到他的喜惡時，你應該認真聽著，而且必須是聚精會神的聽。」

直到這時，斯圖羅伯特才終於明白當初為什麼會失去這位顧客。原來，自己是犯了如此大的錯誤。

我們不用懷疑，任何人都是對自己的事情更加感興趣，也對自己的問題更加關注，說到底就是更加喜歡自我表現。

而一旦有人能夠專心傾聽他們談論自己的事情，他們就會得到一種被別人尊重和重視的感覺。卡內基說：「專心聽別人講話的態度，這是我們所能給予別人的最大讚美。」因此，善於傾聽的人，永遠要比善於表達的人更能夠贏得陌生人的好感。

而且特別是在社交過程中，善於傾聽在無形當中就已經達到了褒獎對方的作用，能夠認真而仔細的傾聽對方的談話，是尊重對方的前提，能夠耐心的聽說話者訴說，也就等於告訴對方「你說的話很有道理」、「你是一個值得我結交的人」。

這樣就會在無形之中讓說話的人的自尊心得到滿足。於是，說話的人對傾聽的人就會產生一種感情上的提升，認為「傾聽」的人能夠切實理解自己，並且欣慰於自己終於找到了一個可以傾訴的機會。這樣一來，彼此之間心靈上的交流才會讓雙方的感情距離變得更近。

培養禮儀意識，舉止更加優雅

不管一個人在社會當中扮演什麼樣的角色，充當什麼樣的身分，禮貌一直都是維持人際關係不斷互動的基本前提。

禮貌就好像是一個人的名片，有禮貌的人士總是更容易受到大家的歡迎。禮貌，看起來是小事，但是卻會直接影響到你的形象，以及別人對你的態度。甚至可以說，「禮貌是與人共處的金鑰匙」，而且這是最容易做到的事情，當然也是最珍貴的東西。

李平平老師是一所大學的教授，有一天，他正在辦公室裡面備課，突然有人敲門，他習慣性的說了一聲「請進」（他坐在離門很近的位置）。當他抬頭一看，發現是一位女生，可是他卻並不認識，他想了想也許是找別的老師的。可是那位女生左右看了看，結果女生張口就問道：「李平平呢？」

這話一出口，所有的人都愣了一下，大家都往李平平這裡看，李平平心裡也是非常納悶，在學校工作這麼多年了，還沒有誰直呼其名的。結果他的臉色微微一變，但是還是非常有禮貌的對她說：「我就是，你找我有什麼事嗎？」

那位女生大喇喇的說：「噢，原來你就是李平平呀，我很早就聽說過你了，我是王明喜教授的學生，我的論文你給我看一下。」

原來當時學校有規定，在論文答辯的時候，必須要請校外的一位專家來做指導。而這位女生是另一所大學的學生，所以找到李平平教授就是為了給自己批閱論文。

李平平到底是一個非常有涵養的人，即使他看到這個女生如此的沒有禮貌，但還是沒有發火，只是隨口說道：「那你就放那裡吧。」

就這樣，這名女生就把自己的論文往他的桌子上一放，說：「你快點看！後天我們就要論文答辯，你可別耽誤我的事。」

這時候，李平平再也無法忍受了，說：「請問你這是找人做事，還是下達命令呢？你把你的論文拿走，我沒有時間給你看。」

其實，找人做事就應該有一個找人做事的樣子，首先就要表現得謙卑有禮，這樣別人才會願意幫助你。

有位名人曾經說過：「生活中最重要的是有禮貌，它比最高的智慧、比一切學識都重要。」如果你是一個習慣於出言不遜的人，那麼自然是得不到別人喜歡的，我們在日常交往當中一定要注意禮貌待人，特別需要注意以下幾點：

第一，不說粗話。

一直以來，我們都要求人們在說話的時候一定要文雅，不能講粗話。可是如今的一些年輕人，為了跟上流行，在人格特質和行為上都喜歡進行一些效仿，有的人喜歡講一口的粗話，也成了他們模仿的對象。於是，也就出現了大量「伶牙俐齒」、「牙尖嘴利」的粗口一族。一個看起來很有風度的人，如果講出粗話來，那麼就好像是一件天鵝絨的晚禮服上被酒鬼吐上了嘔吐物一樣，讓人有一種想要嘔吐的感覺。

第二，切忌用鼻音詞來表達意見。

千萬不要用「嗯」、「喔」等鼻子發出的聲音來表達個人意見，雖然這些音調不能算得上是粗話，但是卻會令談話者有一種不被重視的感覺。

第三，有禮有節，有教養。

人與人說話要講究分寸、講禮節，詞語雅致，內容富於學識，這才是言語有教養的表現。除此之外，有教養的人更應該懂得尊重和諒解別人，在別人確實有了缺點的時候，能夠委婉而善意的指出。

知禮而後知輕重，在為人處世、待人接物上，有禮貌的人往往秉持「禮」性所表現出來的風範，這才是一個真正而標準的君子形象。

保持自信、謙虛，看起來像個成功者

與人交往，自信是非常重要的，如果沒有自信，那麼和別人說話的時候就會臉紅心跳，一開口就有可能語無倫次，試問誰會願意與這樣的人進行交往呢？

因此，想要豐富自己的人脈網，對於缺乏自信的人來說首先要做的就是撕下害羞的標籤，能夠用自信的陽光掃除自卑的陰影，只有這樣，才會走到哪裡都成為受大家歡迎的人。

自卑的人總是覺得別人看不起自己，實際上，基本上是自己低估了自己的緣故。其實，無論在哪種社交場合，人們在人格上都是平等的，大可不必自慚形穢，以為低人三分。即使真的發生有人輕視你的行為，那也往往是自己不恰當的躲避行為所造成的。

出現自卑的心理，在很多時候是由於你游離於正常的交往圈子之外，別人無法對你做出正確的判斷而造成疏遠、冷漠等，這其實又反過來強化了你的孤獨感，從而讓你顯得更不合群。

要想改變這種情況，唯一的辦法就是要拋棄自卑感，大膽率直的進入到各種各樣的社交圈子中，在互相交往的過程中，互相理解，互相尊重，逐漸學會正確評價別人和自己，提高自信心。

同時，在人際社交中，謙虛的人往往更容易受到大家的歡迎。而那些大肆張揚，傲慢無禮的人則通常是遭人反感厭惡的。正如柴斯特．菲爾德所說：「如果你想受到讚美，就用謙遜去作誘餌吧。」謙虛不僅是人們應該具備的美德，而且從某種意義上來說，謙虛也是獲勝的力量。

美國前總統富蘭克林在年輕的時候非常驕傲，言行舉止，咄咄逼人，不可一世，到了後來，有一位朋友將他叫到面前，用很溫和的語言說：「你從來不肯尊重他人，事事自以為是，別人受了幾次難堪之後，誰還願聽你誇耀的言論？你的朋友將一個個遠離你。你將再也無法從別人那裡獲得學識與經驗，而你現在所知道的事情，老實說，還是太有限了。」

富蘭克林在聽了這番話之後，很受震撼，決心痛改前非。此後，他處處注意，言語行為謙恭和婉，慎防損害別人的尊嚴和面子，不久之後，他便從一個被人敵視、無人願意與之交往的人，變成了一個受到人們熱烈歡迎的成功人物。

一個從來不願意接受別人意見，一意孤行，不把他人放在眼裡的人，他即使有很高的天賦也是不會有所成就的。

而富蘭克林也正是因為變得謙遜，才擁有了豐富的人際關係資源，也才成為了美國的一位偉大領袖。

其實，謙虛的人之所以受人歡迎，就是因為他們能夠把自己放在一個更低的位置，不吝於向別人請教。

例如：比爾蓋茲和他的團隊帶領微軟公司創造了IT界一個又一個神話，作為微軟第一任華裔副總裁的李開復，他除了景仰比爾蓋茲的商業成就之外，最為欣賞的就是他謙遜的性格。而關於比爾蓋茲謙遜的性格，還有這樣一個廣為流傳的故事。

在微軟專門幫助比爾蓋茲準備講稿的一位職員這樣說：在演講之前，比爾蓋茲都會自己仔細批注，並且認真的準備和練習。而且，比爾蓋茲每次演講完之後，都會留下來和他進行交流，問他「我今天哪裡講得好，哪裡講得不好？」而且比爾蓋茲並不是問問就算了，他還會拿個本子認真的記下來自己哪裡做錯了，以便下次更正和進步。

當你以謙遜的態度來表達自己觀點的時候，就能夠減少一些衝突，而且更容易被他人接受。尤其是在雙方地域不同、文化背景各異的情況下，偶然一句「我不太明白」、「我沒有理解你的意思」、「請再說一遍」等等這類謙恭的言語，都會讓對方覺得你是一個富有涵養和人情味，真誠可親的人，也更容易贏得別人的好感。

細節不可忽視，魔鬼藏在其中

在人際社交的過程中，常常因為一些細節決定了成敗。雖然細節經常被我們忽略，但是這絕不意味著細節無關緊要。而且大量事實表明，能否充分重視交際中的細節，直接關係到交際的成敗，正所謂「成也細節，敗也細節。」

王剛川在一間醫療設備公司工作，公司想要從美國引進一條生產無菌打點滴軟管的先進生產線，王剛川費力心思，經過長時間的努力終於說服了對方，讓他作為主要負責人。

之後，美方的代表如約來到公司，準備要在授權合約上正式簽字了，可是在步入簽字現場的那一刻，王剛川突然咳嗽了一聲，結果一口痰湧了上來，他當時看了看四周，一時沒找到衛生紙，便隨便把痰吐在牆角，當時那位美國代表見此情景不由得皺了皺眉。

顯然，這個吐痰的細節引起了他深深的憂慮，因為輸液軟管是專門為病人輸液用的，要做到絕對無菌才能符合標準，可是西裝革履的王剛川居然隨地吐痰，那麼想必這家公司工廠裡的工人素養也不會太高。如此生產出的輸液軟管怎麼可能保證絕對無菌呢？

於是這位美國代表拒絕在合約上簽字，王剛川將近半年的努力便在轉眼之間前功盡棄了，後來，老闆得知這個消息之後，馬上辭退了王剛川。

就這樣，一個細節砸了一筆生意，也使王剛川自己失去了工作，這難道不值得我們每個人思考嗎？

細節在很多時候往往反應了一個人對待事情的一種態度、一種精神、一種責任感。如果你有一個認真的態度、很強的責任感，那麼做事的時候就會認真負責，會注意到事情的每個細節，進而把所有的事情做好。可是反之，如果你沒有一個認真的態度，即使看到了細節你也會忽略，這樣就容易造成事情的失敗。

周鵬在一家外貿公司當部門經理。去年下半年的時候，本地一所大學的幾個外貿系畢業生在公司裡面實習。實習結束的時候，周鵬請示總經理之後就只把一名叫李丁的畢業生留了下來。

周鵬為什麼單獨把他留下來呢？原來相比之下，這個年輕人在幾個細節的地方打動了周鵬的心。

李丁待人彬彬有禮，綜合素養較好。正式實習的那天，周鵬向同學們介紹了部門的成員和同學的分工。周鵬分配李丁在老陳的手下幫忙。而老陳是當時公司的老業務員了，年齡偏大。

當其他的同學感到拘謹和不安的時候，李丁則能夠非常自然的對老陳說：「陳老師您好，這段時間我們要給您添麻煩了，以後工作中還要請您多多指點。」李丁語言簡樸，落落大方。

說實話，老陳在公司並沒有什麼職位，可是李丁以老師相稱，顯得非常妥當，而且在老陳的心裡也能欣然接受。雖然這只是瞬間的細節，但是卻讓大家覺得李丁有一定的生活閱歷，個人素養和教養也比較好。

一般來說，即使是剛到公司來的新人也會有一個較長時間的適應期，不知道該怎麼調整自己。可是周鵬透過許多天的觀察，發現李丁並不像其他同學那樣不知道做什麼，而是主動跑銀行和商檢，主動到海關報驗，即使是在大熱天搭公車也毫無怨言。

有好幾次，老陳接國際長途，李丁則會默默的坐在旁邊聽，細心的揣摩他如何與外商交談。有的時候還會悄悄的給老陳遞一枝筆，或記錄一些資料。這些細小之處，既給老陳帶來了工作上的便利，也表現出新人對前輩的尊重，這也讓周鵬等人對李丁產生了好感。

還有一次，周鵬有意安排李丁和另外一個同學分別到一個縣市去取同一種樣品。結果那位同學無功而返，可是李丁不僅取回了樣品，而且還做了一些額外的工作——了解了該工廠給公司生產產品的進度和貨物品質。這些都說明了李丁有一定的社會交際能力和責任心。

而且在當時，正好周鵬的部門打算招一名外銷員來開拓市場。經過老闆的特批後，李丁剛一畢業，周鵬就委託公司人事部為他辦好了手續，從而使他完成了實習——畢業——求職的三級跳。

有一位管理大師說過：「現在世界的競爭，就是細節的競爭。」的確，細節在人際社交中是非常重要的，你的一舉一動都會影響你在他人心目中的形象。你的細節展現出你的品味，也展現出了你的內心，因此，讓我們從細節做起吧，不要讓細節使你的價值大打折扣。

養成守時習慣，這是良好素養的展現

一個人的素養展現在諸多方面，而守時就是一個人眾多良好素養當中的一種，養成守時的習慣，在為人處事的過程中，能夠給別人留下一個良好的第一印象。

有一位著名的德國哲學家叫康德，有一天，他打算去一座小鎮上拜訪一位很久沒有見面的老朋友。於是，康德就事先寫了一封信給自己的老朋友，說自己將會在三月五日上午十一點鐘之前到達那裡。

為了能夠在約定的時間到達，康德提前一天就來到了小鎮，更在三月五日一大早租了一輛馬車朝著老朋友家的方向趕去。

從小鎮到老朋友的家，中間有一條河，誰也沒有想到過河的橋居然壞了，康德只好從馬車上下來，他看看中間斷裂的橋，發現確實是不能從這裡過河了。而且這個時候正值初春時節，這條河雖然不寬，但是河水很深。

康德看了看時間，發現已經十點多了，於是他焦急的問車夫：「在這附近還有沒有其他的橋可以過河？」車夫回答：「有，離這裡大概有六英里。」康德繼續問道：「如果我們從那座橋上過去，大概多長時間才能夠到達我朋友的住所？」車夫回答：「最快也需要四十分鐘。」康德先生想了想，這樣一來就趕不上和朋友約定的時間了。

於是，康德跑到了附近的一座破舊的農舍旁邊，對主人說道：「請問您這間房子願不願意出售？」農婦聽了他的話，覺得非常吃驚，於是說：「我的房子又破又舊，而且地段也不好，您為什麼要買這座房呢？」「你沒有必要知道我買這座房子的原因，你只要告訴我你願不願意賣？」「當然願意，兩百法郎就可以。」

結果，康德先生毫不猶豫的付了錢，並且對農婦說：「如果您能夠從房子上面拆一些木頭，並且在二十分鐘之內把這座橋修好了，那麼我就把房子還給你。」

農婦聽完之後就更加吃驚了，但他還是把自己的兒子叫了過來，及時修好了這座橋。就這樣，馬車終於平安、順利的過了橋。

在十點五十分的時候，康德準時來到了老朋友的家門口。而一直等候在門口的老朋友看到康德，更是高興的說：「親愛的朋友，這麼多年了，你還是一如既往的準時。」

康德和老朋友度過了一段非常愉快的時光，但是康德對於為了能夠準時過橋而買下房子，並且拆下木頭修橋的事情絲毫沒有提及。

直到後來，老朋友還是從那位農婦那裡了解到了這件事，於是特別寫信給康德說：老朋友之間的約會，即使是稍微晚一些也是可以理解和原諒的，更何況你還是遇到了意外呢。可是康德卻堅持認為守時是必須的，不管是對老朋友還是其他人。

我們從故事中可知，守時就是要嚴格遵守約定或者是規定的時間。在我們的學習、生活、工作當中，很多情況都是需要我們遵守時間的。比如：上班，參加團體活動，演出，會議，再比如：大家一起出去遊玩等等，都應該守時，千萬不能遲到，不能夠因為等你一個人，而耽誤大家的時間。

守時不僅能展現出你的良好個人修養，而且也能展現出你對他人的尊重。守時是一種好習慣，更是一種美德。懂得珍惜時間的人，不僅要做到不浪費自己的時間，而且也要懂得時時注意自己，千萬不能夠因為自己的不守時而白白浪費別人的時間。

恰當使用肢體語言，展示自己的良好形象

一個人平時的一言一行，一舉手一投足，都能夠顯現出他的素養、修養、品德，這些也都將影響到別人。

有的時候，我們確實感覺得到，有這樣一種人，無論出現在哪裡，都能夠立即成為眾人矚目的焦點，即使他們不說話，也許就是那麼站著或坐著，但是也能夠帶給人一種特別的感覺和深刻的印象，甚至還能夠令人毫無保留的對他產生信任感。

魅力與外貌漂亮與否其實並沒有什麼太大的關係。關鍵是看你能否透過你的臉部表情、肢體動作、語言等來展示你獨特的個性魅力。其實，「真正能夠打動人的是氣質，而不是漂亮的外貌。」

在實際生活當中，有的人精神抖擻、情感豐富、口若懸河、表情自如，顯示出了超人的才幹和氣質，他們的談吐就能夠博得聽眾的喜愛和青睞；有的人則是窘迫不安、語無倫次、臉部表情僵硬、手足也不知道如何擺放，有的時候讓人大失所望。

那麼，怎樣才能夠表現魅力呢？簡單的說，可以透過我們身體的行為來進行表現，例如站姿、坐姿、行姿，說話抑揚頓挫，或者是詼諧幽默，與他人談話時候的專注程度等，都要求自然而不做作，隨和而又充滿機敏，由此所表現出來的權威感，就會產生一種無形的魅力，一點一滴

的注入對方的心田，在他們的心裡產生連鎖反應，讓對方在不知不覺之中被吸引和被征服。

在表現魅力的時候，一個重要的方面就是自信。自信是基礎，它是讓人情緒定位的核心，對能否發揮感召力量是至關重要的。

在生活當中，你穩重的步伐、充滿自信的表述、從容不迫的應答、隨意自如的動作等等這一切，都能夠讓別人覺得與你相處真的是一件很榮幸的事。有了這樣的感覺，他就會對自己說：「我一定要謹慎小心，對他千萬不能夠失禮。」在這樣的情況下，你自然就具有感召力了。

有一家娛樂公司正在傾全力塑造一位年輕的偶像男歌星，除了進行長時間的歌唱技巧訓練之外，還安排了服裝儀容訓練、說話技巧訓練，希望能夠讓這位新人一炮而紅。

透過長期的訓練，新人果然脫離了他的青澀，上電視節目宣傳的時候，他說起話來頭頭是道、可圈可點，一點也不亞於主持人，服裝儀容更是光彩奪目，看不出絲毫的瑕疵。

可是沒想到努力了兩年，耗費了許多成本，但是卻不見新人成為偶像。娛樂公司老闆百思不得其解，於是又請了一位造型高手重新為他塑造形象。

結果高手一出手，情況就不同了，短短幾個月，新人就紅遍了大江南北。

高手到底是用了什麼特殊訓練，讓新人翻了身呢？其實說穿了，高手不但沒有再透過訓練，反而是停止了一些塑形課程，衣著也簡單了。他盡量拿掉了新人的包裝，他要求新人恢復大男孩原有的青澀模樣，不要故作老成。

當新人除去了包裝，在舞臺上有的時候結結巴巴，遇到敏感的問題甚至還會臉紅的模樣，讓很多歌迷心疼憐惜，說起話來欲言又止的模樣有的時候更會讓很多歌迷心動。

造型高手出招，看不出有什麼招式，但是卻塑造了一個最美的造型。

其實，我們每個人都有自己的風格和特點，恰當展現你自己，才能夠與眾不同，才具有強烈的人情味，也才能夠引起人們的共鳴。而每當我們用大量的包裝塗抹掉物質本來的面目，它也就是失去了內在的價值。

第二章

撥開人脈的面紗：交友必交實力派

朋友也分三六九，這是現實不是功利

當我們在交朋友的時候，保持一點「勢利」實在是一種遠見。勢利，並不是見風轉舵，看見誰有錢有勢就去巴結誰。勢利其實就是給朋友進行等級劃分，換句話說，就是要分清哪些朋友是我們真正的朋友，是能夠和我們一起同甘共苦的；而哪些朋友在更多情況下只是利益上的關係；哪些朋友只能夠算得上點頭之交……

曾經有一個地方官員，他擁有很多的朋友，三教九流的都有，他也為此經常向別人誇耀，說他的朋友非常多，號稱天下第一。有人問他，朋友這麼多，你都能夠同等對待嗎？

他想了想說：「當然不能夠同等對待了，肯定是要進行等級劃分的。」他說他交朋友往往都是誠心實意的，不會利用朋友，更不會去欺騙朋友，但是別人來和他交朋友的時候卻不一定都是真心的。在他的朋友當中，人格清高的朋友有很多，但是這些人都是想從他的身上獲取一點利益，除此之外，心存壞意的朋友也不少。

他說道：「對心存歹意、不夠真誠的朋友，我總不能也對他推心置腹吧，那樣到頭來只會害了我自己。」

所以，在不得罪朋友的前提之下，這位官員就會把朋友進行等級劃分，有「刎頸之交」、「推心置腹」、「可商大事」級、也有「酒肉」、「點頭之交」、「保持距離」級等，而他也就是根據這些等級的劃分來決定和不同朋友來往的密度和自己心窗打開的程度。

我們不得不說這位官員是非常明智的，因為我們每個人不可能只和那些品格高尚的人來往，如果能夠給朋友分出一個正確的等級，這樣不僅可以避免自己受到無謂的傷害，節省人情往來的精力，而且還可以最大程度的發揮朋友的能量。

朋友的等級自然也不是從一開始就能夠劃分出來的，而是在與朋友的交往過程中，根據朋友的素養、親密的程度，感情的深淺、利益上的分配等等而慢慢劃分出來的。

第一等級的朋友自然就是對我們的人生和事業非常重要的人，他們與我們是息息相關的，對我們的人生有著重要的作用。

第二等級則是一些經常來往的、能互相幫助的朋友。

第三等級就是利益之交，換句話說，如果利益關係消失了，那麼朋友關係也就基本結束了。而我們培養人脈的重點就是要找到那些有價值，並且能夠真正幫助你的朋友，自然你也會著重和這些朋友進行交往。

當然，我們主張對朋友要以誠相待，不可有欺騙，但是，俗話說：「防人之心不可無，凡事都應該留個後路。」對於可深交的朋友，我們可以與他分享你的一切；對於不可深交的朋友，那麼我們維持基本的禮貌就可以了。

我們把朋友進行等級劃分，這並不是分地位或貧富的等級，但是，我們在分等級的過程中肯定也會和你目前的需求和身分相關聯。有一個前提必須牢記在心，不管對方多麼智慧，多麼有錢，一定要是一個「好人」才可深交，換句話說，對方和你做朋友的動機必須是純正的。

曾經有一家公司的董事長，當他說起自己的創業史的時候，深有感觸的說：「當年，我和一個哥們一塊創業，哥們說話豪爽，做事俐落，可是沒有想到最後，在公司效益不好的時候，他馬上另立門戶，帶走了所有的客戶，幾個得力的員工也都被他帶走了。這時候，留在我身邊的卻是一個平時很沉默的老大哥，但是，這個時候他開始在一旁耐心的指點我，幫助我，直到我把公司重新做起來了，他說自己老了，做不動了，什麼要求也沒有，就回鄉去了。臨走的時候，我擺酒宴感謝他，他說：『我之所以這樣幫你，就是看你是個老實人，才想幫你。』」

真的是患難之中見真情。把朋友進行等級劃分，就是要在交往當中進行區分。你不能像分名片一樣，經理級的放在一起，副理級的放在一起。這樣劃分，就顯得太勢利了，相信沒有人願意和你這樣的人做朋友。

其實上面故事當中的老大哥，就是以「你是個老實人」為由，下定決心留下來幫助他，這樣的朋友你當然應把他劃分到你的第一等級當中。

在我們每個人的人脈網當中需要有幾個真心結交的，處於第一等級的朋友，不管你是窮困潦倒也好，還是飛黃騰達也好，他們都會不離不棄的幫助你，如果能夠以這些朋友為人脈，那麼自然也就能夠織起一張結實而穩固的、四通八達的人脈網。

弱者幫人力不從心，名人朋友幫人舉手之勞

說到名人效應，可能我們大家都不會陌生。

由於名人向來就是人們心目中的偶像，所以常常會達到一呼百應的作用。而在經營人脈方面，當然也不能忽視這種名人效應。在人緣上「攀高枝」、拉攏「大人脈」，這其實是很多人的做法。因為他們堅信交朋友就是要從有名、有勢、有錢的人入手，因為一旦打開了局面，那麼以後在人際社交中，就能夠安枕無憂了。

其實，利用名人效應的做法並沒有什麼不對。在生意上，如果能夠讓自己的商品與某個名人掛上鉤，那麼銷路自然就不成問題了。因此，在今天的人際社交哲學當中，利用名人效應絕對是一種非常明智的選擇。

一個小人物哪怕只是和一位名人握握手，也許就能夠讓自己的身價驟然倍增。這其實就是名人效應。

當然，攀高枝的想法大部分人都有，誰不希望跟聲名顯赫的人做朋友呢？如果能夠躋身於他們的行列，等於自己也沾上了榮耀，這可以說是很多人夢寐以求的事情。

羅伯特是一位來自墨西哥的流浪者，他窮困潦倒，身無分文，但是卻透過借助名人效應的手段，最後廣求於天下，不但求得了許多名人成為了自己的朋友，而且還為自己求來了百萬家財。

其實，羅伯特的致富法寶是非常簡單的，而且也很有趣。羅伯特有一本簽名簿，裡面貼著許多世界名人的照片，並且還模仿那些名人的親筆簽字，寫在了照片的底下。之後，羅伯特便帶著這幾本簽名簿開始到世界各地進行周遊，登門造訪那些喜好名望和美譽的富商巨賈們。

每當他見到一個有錢的人，羅伯特就會很是仰慕的對他說：「我是因為仰慕您而千里迢迢從北美洲的墨西哥特意前來拜訪您的，請您貼一張您的照片在這本世界名人錄上，之後還請您簽上大名，我們最後會附上簡介，讓它出版發行，之後就能夠讓全世界的人都了解到您有多麼偉大、多麼成功……」

這些有錢的人，一聽說自己能夠與世界名人排列在一起，自然會感到無限的風光，這樣一來，他們自然會出手闊綽的付給羅伯特一筆為數可觀的金錢作為答謝。

可是事實上，即使這本簽名簿真的能夠出版，那麼每本的成本也僅僅幾美元而已。但是富人所給的報酬，卻往往是這個成本的上千倍之多。

就這樣，羅伯特整整花費了十年的時間，周遊了將近兩百個國家，提供給他的照片與簽名的總人數達數萬人之多，而羅伯特所得到的酬勞更是不計其數。

由於名人一直都是人們心目中的偶像，所以經常有著一呼百應的效果。因此，在拓展人脈的過程中，我們一定要善於借助名人效應來提高自己的威望。即使你並不認識那些名人，只要你能夠想辦法站在他們的光環之下，並且進行適當的宣傳、利用，自然也能夠達到宣傳自己的目的。

設計好一個關係網，讓大人物主動進網

想要成為一名成功人士，那麼就一定要把握住每一次與大人物結交的機會。你要明白，機會對於每個人都是平等的，只要你足夠細心，可以說很容易就能夠發現大人物的身影。但是事實上，即使發現了又能如何呢？又有幾個人能夠成功的將大人物收歸囊中呢？

不知道你有沒有想過，為什麼別人能做到，而你卻做不到？這只能說明問題出在你自己的身上。

當你與貴人相遇的一瞬間，你就需要提前將準備工作做到位，然後以迅雷不及掩耳的招式出手——快、狠、準，只有這樣，大人物才能夠被你「據為己有」。漸漸的，隨著雙方情感的「微火慢燉」，一個大人物自然就會成為你人脈當中忠實的一員，而那些沒有做好準備，或者是根本就沒有任何準備的人，當他們看到貴人的時候，肯定會慌張失措，可是這有什麼用呢？為時已晚，貴人早已經離開了你的視線。

可見，在投資大人脈的時候，一定先要讓自己做好充足的準備，同時還需要多修練自己快、狠、準出手的絕招。只有這樣，你才能夠更加穩，而且更加牢固的抓住你一直等待著的「獵物」。

司董禧大學畢業之後，進入到了一家著名的跨國公司，她自知英文太差，結果硬是透過死記硬背，記下了所負責產品的全部英文解說詞。

一天下班之後，她單獨留在辦公室，這個時候進來一個中年人，找到一個座位坐下之後，就開始用電腦工作。此時，一位客戶打來電話，正好諮詢的是司董禧負責的產品，因為所背的「臺詞」確實熟練，所以她用英文「精彩」的敘說了一番。

電話接完之後，那個中年人抬起了頭，問了一句：你是司董禧？英文很不錯嘛！接著他們又進行了一番深入的長談。

後來，經過同事的提醒，司董禧才知道，這位中年人原來就是她老闆的老闆的……的老闆，是董事長。

從此以後，受到董事長鼓勵的司董禧信心大增，英文更是一日千里。而董事長也經常打電話過來問起那個英文很棒的小女孩工作怎麼樣，這讓司董禧的老闆和同事們都感到驚訝無比。

再到了後來，司董禧順理成章成為了這位中年人的跟班。司董禧從灰姑娘變成了公主、從醜小鴨變成了天鵝。

為了這場意想不到的邂逅，司董禧不僅做好了準備，而且在表現自己的時候絲毫也沒有表現出含糊，真可謂快、準、狠的「炫耀」了一番。於是她打動了大人物，並且還贏得了大人物的青睞。

這樣的故事難道真的是天方夜譚嗎？不。其實如果你能夠做到的話，那麼你一樣可以成為故事當中的主角。

像司董禧這樣能夠及時抓住機會與大人物相識，充其量也只是一個善於利用的人，還不能夠算得上是真正的強者。

那麼真正的強者究竟是什麼呢？他們根本不會坐等貴人的出現，而是跳起來去緊緊抓住貴人。即使他們生下來可能就已經被「打入冷宮」，與貴人無緣，與之稱兄道弟更無異於天方夜譚，但是他們依然不卑不亢，而且還會利用自身的條件，改動或者是利用某些不起眼的細節，最終的結果卻是大相徑庭，他們贏得了貴人頻頻投射而來的關注的目光，就這樣，他們成功了。

真正的強者就應該是這樣，利用自身能夠運用到的所有條件和全部資源去創造機會，來打造自己。

其實創造機會並不難，比如你參加同事的婚禮，你可以提前幾分鐘到場，利用這幾分鐘的時間，你就能夠多認識幾個朋友；在參加社會活動的過程中，你多分發幾張自己精心設計的名片；或者是多交談、善交談、樂交談等等，這些其實都是創造結交貴人的好方法。

身邊擁有千里馬，還需要一個好伯樂

作為一個主管，當一個好的伯樂要比自己成為千里馬重要的多。可是，大家熟知的秦末第一個反王陳勝，在這方面卻來了一個本末倒置，他自己是一個千里馬，但是卻並不善於當好伯樂。

首先值得肯定的是，陳勝確實有才，可謂是一匹千里馬，真的是一個奇才。

其實，一個人企業家的才華是掩蓋不了的，無論他曾經種過田，還是耕過地。

可能誰也沒有想過，一統六國的強人秦帝國最後居然被一個田間的青年人搞垮。也許很多人都認為這是那暴秦倒行逆施，自己毀滅了自己。但是俗話說得好：「掃帚不到，灰塵照例不會自己跑掉。」如果沒有這樣一個人的出現，那麼一個殘暴的人怎麼可能會自己倒下呢？

而且我們也不能夠否認，這第一個喊出「打倒秦王朝」的人是多麼的有膽，有才。

是金子總是會發光的。陳勝在做務農時的「苟富貴，無相忘」的長嘯，當時讓他的農民們感到無厘頭，之後就開始了哄笑：你一個種地的，怎麼可能富貴呢？即便陳勝那句著名的話反駁出口，「燕雀安知鴻鵠之志」，但是在農民看來，也是他太喜歡吹牛的大話而已。

當然，我們不能夠責怪農民們不具備伯樂的慧眼。「燕雀」與「鴻鵠」在沒有廣闊的天空出現之前，顯然是無法分辨出飛翔的高低的。

就這樣，從農民到壯丁，再從壯丁到反王，年輕的陳勝僅僅只用了一年的時間。一句「王侯將相，寧有種乎」的詰問，就豁然揭開了人才之另闢蹊徑的新篇章。陳勝開闢了人才的新路，當時在安徽大澤鄉，他發表了農民起義第一次演講，而且依靠自己非同一般的口才和煽動力，陳勝的演講贏得了驚天動地的歡呼。隨後就是天下大亂，群雄並起。掀起天下反秦狂潮的他，本來是有機會開創一個新時代的，但是，最後得天下的卻不是陳勝，而是後來造反的劉邦。

那麼，為什麼反王中取得先手的陳勝，到了後來卻一步步失去了先機，讓後來者居上了呢？這裡面的原因當然有很多，但是其中，不善於當伯樂這就是一個致命的敗因。

在伯樂這個職位上，陳勝與後起之秀劉邦有著很大的差距。

眾所周知，劉邦是著名的「用人大師」。而他的那句「張良、韓信、蕭何皆人傑，吾能用之，此吾所以取天下者也」，堪稱是「政治伯樂」名言。但是，對於陳勝來說也是需要人才的，他的周圍也不乏有識之士，可是陳勝卻並不擅長發現和使用這些人。劉邦能夠在販夫走卒、無業遊民中發現人才，並且進行重用，但是陳勝卻不能。

會不會用人這不僅是時間考察的問題，而且是一個人識人用人的膽識和能力。

其實，在陳勝身邊並不是沒有人才。比如陳餘、張耳，兩都是魏國的名士，而且也都曾經拒絕了秦朝的重金招聘。

這兩人都曾為陳勝制定過奪取天下的策略。陳餘建議陳勝不要急著稱王，而最好的辦法是先立六國後人為王，為秦朝樹敵，然後快速西進，取咸陽，號令天下。這個頗具遠見的構想最後卻被陳勝棄置一旁。就這樣，兩個人看出陳勝的短處，趁北上略地之機，擁立了武臣為趙王，脫離了陳勝的領導。

陳勝用人，缺乏章法和理性判斷，有的時候不識貨，把寶貝錯當成垃圾，而有的時候還把垃圾當寶貝。

甚至可以這麼說，就是因為不善於用人，陳勝作為領袖，他沒有發現自己身邊有很多的千里馬，從而痛失了成就偉業的好機會，堪為可惜。

結識比自己優秀的人，讓自己快速成長

在古希臘時期，伊索曾經說過：「誰喜歡什麼樣的朋友，誰就是什麼樣的人。」所以，我們一定要經常與那些比自己優秀的人交往，這樣你才能成為一個有力量的人。

有這樣一則寓言故事：

有一隻母雞撿到了一枚鷹蛋，並且把牠和雞蛋放在一起進行孵化，結果孵化出了一隻小鷹。可是這隻小鷹總是認為自己就是一隻小雞，牠每天做著和小雞一樣的事情，在垃圾堆裡面尋找食物吃，也像小雞一樣「咯咯」的叫。而且牠從來沒有飛過幾尺高，因為小雞們是不能飛那麼

高的，牠認為自己與小雞是完全一樣的。

結果有一天，牠看見一隻老鷹在萬里碧空的天空展翅翱翔，於是就問母雞：「那種雄偉的鳥是什麼呢？」母雞回答說：「那是老鷹，牠是一種非常了不起的鳥。可惜你不過是一隻小雞罷了，不能夠像牠那樣飛翔，你還是認命吧。」

就這樣，小鷹也接受了這種觀點，牠自己也不再去嘗試進行飛翔，成天到晚都在做著與小雞一樣的事情。正是由於沒有鷹去影響牠，所以牠只能夠與小雞為伍，缺乏遠見，結果慢慢的喪失了鷹的特長，最後牠和小雞一樣，度過了自己平庸的一生。

在我們的生活當中，其實有很多類似的不幸。一些人本來是非常優秀的，但是卻跟一些胸無大志的人成天待在一起瞎混，最後讓自己原本優秀的身影漸漸蒙上了無所事事的塵垢，以至於到了最後，跟那些無所事事的人一樣，沒有什麼區別了。

俗話說：「近朱者赤，近墨者黑。」如果你經常跟翱翔的雄鷹在一起，那麼即使你學不會飛翔，至少你還能夠說出飛翔的奧妙，也能夠體會到飛翔的意趣。換句話說，如果你的朋友大多數是成功人士，那麼你也不會是一個很遜色的人；可是如果在你的周圍，經常是一些滿腹牢騷的人，那麼最後你也將成為一個喜歡發牢騷的人。

有很多人，總是喜歡和比自己能力差的人交際，這的確會讓我們感覺很好，因為這樣就能夠讓我們產生優越感。可是如果我們長時間與不如自己的人打交道，那麼顯然我們是學不到什麼的；而結交比自己優秀的朋友，這樣才能夠促進我們快速成長。

其實，我們可以從比我們能力差的朋友當中得到慰藉，但是也一定要去結交那些比我們優秀的朋友，而且這兩者是並不矛盾的。

因此，讓我們試著經常和那些比你優秀的人交往吧！這些優秀的人才能夠讓你吸收到各種對你的生命有益的東西，這樣才能提高你自己的理想，激發出你對事業更多的追求。

與大人物深交，勝過交一百個小人物

試想，你與比爾蓋茲之間到底相隔幾個人呢？換句話說，你透過幾個人就能夠認識比爾蓋茲呢？如果告訴你是六個人，你可能不會相信。而哈佛大學的心理學教授曾經在一九六七年就提出了「六度分隔」理論，也就是在你和任何一個陌生人之間所間隔的人不會超過六個，換句話說，最多透過六個人，你就能夠認識任何一個陌生人。

是的，也許你現在根本不認識比爾蓋茲，但是你只需要透過六個人就可以結識他。而現實當中的很多人則是苦於找不到社會關係，也不知道應該如何去改善這種尷尬的局面。世界上任何地方的兩個人都最多只有六個人的距離，不管這兩個人相差得多遠，或者是多麼的遙不可及。這是因為我們每個人都有足夠的社會關係潛力，只是你還沒有去發掘而已。

朋友相助，麻雀也能夠變成鳳凰。有這樣一句話，「你想成為什麼樣的人，那麼就和什麼樣的人在一起。」

如果你想成為健康的人，那麼你就和健康的人在一起，因為他會告訴你保養身體的知識；你想成為快樂的人，那麼就和快樂的人在一起，因為他會告訴你怎樣去調整積極的心態。同樣，如果你想跟「高含金量」的朋友在一起，那麼時間一長，你的自身含金量也就提高了，很有可能就會從一隻不起眼的小麻雀變成人人都矚目的金鳳凰。

香港有名的企業家李景全，他就是一個得到了朋友相助而成為富人的例子。從一個默默無聞的窮人，到最後成為香港小有名氣的企業家，李景全的成功之路可以說給窮人帶來了很多的啟示。

李景全的建超實業公司，每年的營業額達七千多萬港幣。在他當年獨立門戶的時候，李景全僅僅十八歲，而在他的創業歷程當中，就曾經得到了好朋友曾文忠的幫助。

剛開始的時候，不到十八歲的李景全就已經輟學，開始了他的職業生涯。他的第一份工作是在一家電子公司當電子零件的推銷員。

說是一名推銷員，實際上就是一名送貨員。他在這做了一年的時間，但是卻接觸到了很多的電腦行家，在這當中就包括曾文忠。

在工作的過程中，李景全逐漸對電腦行業產生了興趣，於是產生了自己創業當老闆的念頭。之後，他拿出兩萬元的積蓄和別人開了一家小型工廠，專門替電腦商安裝電腦。可是由於經驗不足，再加上合夥人的輕視，李景全和合夥人最終分道揚鑣。最後，李景全只好退還了合夥人兩萬元的股份錢，從此這家工廠歸他一人所有，而這個時候，公司已經欠債二十多萬元港幣。

但是李景全並沒有被打垮，而是以積極的心態來面對。他找來了很多同學幫忙，在很短的時間內，公司每月的交易額達到五十萬港幣，半年之後就還清了所有的債務。儘管如此，公司此後的業績還是平平，直到他遇到了好朋友曾文忠。

此時的曾文忠已經是香港有名的電腦商人。一九八五年，他的海洋電腦公司有意擴展業務，於是他就想到了很多年之前認識的李景全。

曾文忠認為李景全年輕有朝氣，與他合作自己很放心。而且，李景全正想著企業能夠有一個重大的突破，於是雙方就簽卜了合作協定，正式成為了合作夥伴。從此之後，在曾文忠的支持下，李景全的公司業務可謂是蒸蒸日上。

幾年之後，李景全設廠。到了一九九〇年，工廠的營業額已經將近七千萬港幣，成為了香港生產小型電腦板的著名廠商之一。

其實，李景全的成功，基本上得益於曾文忠的幫助。試想，如果李景全沒有遇到曾文忠，那麼，李景全即使能夠成功，可能也不會這麼順利。

氣球飛不起來，就是因為它沒有被打氣；一個人的生命當中如果沒有朋友相助，那麼道路就會變得非常艱辛。

當我們放眼天下的成功人士，你就會發現，在他們的奮鬥過程中，都曾經得到過「高含金量」朋友的支持，也正是因為如此，他們才度過了人生當中最艱難的時期，縮短了創業的時間，最終走向了輝煌。

遇到貴人不容易，遇見就要抓住他

一個人的成功並不是完全掌握在自己手中的。在整個人生旅途當中，有許多外在因素左右著你的發展方向和進程，而貴人就是這些外在因素當中最為重要的一種。

貴人能夠給我們提供成功所需要的助力和資源，也能夠在關鍵時刻為我們指點迷津，講解解決問題的方法，從而撥正人生的航向，為我們的人生帶來希望和轉機。

柴田和子就是依靠貴人的力量從而登上了日本「推銷女神」的寶座；道格拉斯也是依靠貴人的舉薦，才一躍成為了好萊塢的大牌明星；巴菲特更是依靠貴人的指點成為了世界股神；而比爾蓋茲則是依靠貴人的幫助因此曾經蟬聯多年的世界首富。

可見，貴人能夠幫助我們縮短成功的距離，並且讓我們迅速的到達成功的彼岸。

早在西漢初年，劉邦登基之後，立長子劉盈為太子，封次子如意為趙王。到了後來，見劉盈天性懦弱，才華平庸，但是次子如意卻聰明過人，才學出眾，於是劉邦就有意廢劉盈而立如意。

劉盈的母親呂后聽說了這件事情之後非常著急，於是便遵照開國大臣張良的主意，聘請了「商山四皓」。

商山四皓，指的就是秦末漢初（西元前兩百年左右）的東園公、甪里先生、綺里季和夏黃公四位著名的學者。他們不願意當官，於是就長期隱居在商山裡，出山的時候都已經八十多歲了，眉皓髮白，故被稱為「商山四皓」。

劉邦久聞四皓的大名，也曾經請他們出山為官，但是都遭到了拒絕。可是有一天，劉邦與太子一起飲宴，太子背後卻站著這四位白髮蒼蒼的老人，問過之後才知道是商山四皓。於是，商山四皓上前謝罪道：「我們聽說太子是一個仁人志士，又有孝心、禮賢下士，我們就一齊來做太子的賓客。」

劉邦本來就知道大家非常同情太子，而且這一次又見到太子有四位大賢輔佐，於是就消除了改立趙王如意為太子的念頭。於是後來劉盈繼位，這就是歷史上的惠帝。

有的時候，做事情就好像是賭博，籌碼越高，勝算也就越大。在現實生活當中，「貴人」其實就是成事的籌碼，能夠增加成功的機率。

就好像故事裡所講的那樣，如果沒有張良出的主意和「商山四皓」的幫忙，那麼劉盈雖然也可能會維持太子的地位，但是看起來希望是極其渺茫的。而正是有了這些貴人的幫助，他才真正在太子的位子上坐穩，並且順順利利成為了下一任皇帝。

在我們的生活中，有可能會經常遇到這樣的情況：為了做成某一件事情，自己已經是費盡心思、耗盡力量，但是無奈這個時候還是離成功差了一步。這個時候，如果有一雙貴人的手伸出來推你一把，那麼你就很容易到達成功的彼岸；可是如果沒有貴人的幫助呢？就只能夠在中途停下，眼巴巴望著勝利的曙光而深深歎息。

人生是變幻無常的，成敗之間其實有著很多種力量和因素在融合、抗衡。當你徘徊在成功的邊緣但是卻無力前進的時候，貴人的適時出手相助，就會給你帶來正面力量和推動因素。而當你有了他們，你才能夠對成功有更大的把握。

靠近一個人脈廣的人，就等於靠近一個圈子

什麼是「圈子」?它是一個社會的生活文化，它代表了一個人的社會地位，它能夠讓一個人的人脈不斷延伸，它也可以為我們帶來很多的財富。

如果你想要盡快的擴大自己的人脈圈，而且還想獲得更多的財富，那麼，融入一個圈子不失為一個最快捷的方法。但是「圈子」有的時候就好像是一個城堡，對外人它不一定是開放的。為此，外界的人總是渴望知道「圈子」裡面的生活，也就會有更多的人希望能夠進入到不同的「圈子」當中。

那麼，究竟誰才是「圈子」的主人?「圈子」到底應該如何運轉?哪裡才是「圈子」的活動基地?「圈子」到底能夠給「圈子裡面的人」帶來多少財富呢?其實這些並不重要，重要的是你需要明白圈子的重要性，並且願意融入到這個圈子當中。

如果你能夠多認識一些有圈子的朋友，那麼朋友的圈子自然也就會成為你的圈子，從朋友的圈子裡面你其實可以繼續再去擴展出另一個圈子，就這樣，一個圈套著一個圈，如果你透過這樣的方式來拓展人脈，那麼你人脈的發展速度就會是驚人的。

帶圈子來的人和不帶圈子來的人本身所具有的附加價值是不一樣的。假如你認識的一個朋友跟你說：「下個星期我們有個聚會，你來參加我們的聚會吧。」而當你參加了聚會之後，就會發

現這些人都是來自五湖四海的人。

我們知道在人脈網當中，朋友的介紹其實就是信用的擔保，朋友要把你介紹給其他的人，也就意味著朋友是為你在做擔保。

基於這一點，你可以請你的朋友多介紹他的朋友給你認識。就好像我們為對方服務一樣，如果你的新客戶是一個很可靠的老客戶介紹的，那麼這位新客戶自然就會很快接受你，或者是你的服務。

當我們的人脈關係連結成為「鏈」的時候，那麼你就會發現這樣建立人脈的成本其實是非常低的，你也不需要花費更多的時間去做介紹，你也沒有必要花費更多的時間去請客吃飯，你完全都可以把這些節省下來。

我們每個人的社會圈都存在自己的局限性，所以，多認識一些帶圈子的朋友，就能夠彌補我們個人在社會關係中的不足。

如果你想進入一個新的行業，那麼從現在開始你就需要想盡辦法讓自己進入到那個行業中去，先讓自己成為「圈裡人」。

你可能會嘗試認識某個有實力的人物，但是你有沒有想過，這個可能性到底有多大呢？其實你完全可以透過朋友的介紹，讓自己先進入這個圈子，然後再想辦法認識大人物，這就是圈子為我們帶來的好處。

想要擴展公司、部門以外的人脈，擴大交友範圍，我們還可以借助社團活動來經營人際關係。

在平時，我們太過主動接近陌生人的時候，是非常容易引起對方反感的，甚至會遭到拒絕，可是透過參與社團的活動，那麼人與人之間的交往就會變得順利很多，也能夠在自然狀態下與他人建立互動關係，從而擴展自己的人脈網路。而且人與人的交往，在自然的情況下發生，這樣也將會更有助於建立情感和信任。

如果參加某個社團組織，最好是能夠在社團中謀到一個組織者的角色，理事長、會長、祕書長等，這樣就等於你得到了一個為他人服務的機會，在為他人服務的過程當中，自然也就增加了與他人的聯繫、交流以及了解的機會，人脈之路就會在自然而然中不斷延伸。

第三章

人脈就是命脈：少什麼不能少人脈

抓住了人脈，就等於抓到了財脈

從古至今，任何人都希望自己能夠財源廣進，事業有成，而這除了自身應該擁有真才實學之外，還必須具有一定的人脈關係。

社會就好像是一張網，我們每個人只不過都是其中的一個結，當你與越多的結建立了有效的聯繫，那麼你的人脈也就越能四通八達，而這張人脈網其實就是我們通往成功彼岸的捷徑。否則，你僅僅只有一個結，即使你的這個結再大，可終歸還是一個孤零零的結，最終也是於事無補。

一九七〇年，二十五歲的美國小夥子特普曼隻身一人來到了丹佛市，在第二大道的一套小公寓裡面開始了他的創業生涯。

剛剛來到丹佛，特普曼就一個人徒步走遍了這個都市當中的每一個角落，他了解、評估每一塊好的房地產的價值，因為他計劃在這個都市發展屬於他自己的房地產事業。為此，特普曼也經常會去看一些土地和房地產，他已經把自己當成了這些土地的主人。

但是因為初來乍到，人們根本不認識他。所以，特普曼就必須計劃好為自己的房地產事業鋪平道路的每一個步驟，而他所要做的第一件事情就是盡快加入該市的「快樂俱樂部」，去結識那些出入該俱樂部的社會名流和百萬富翁。

可是對於特普曼這樣一個無名小輩來說，要想進入這樣的高級俱樂部，實在不是一件容易的事情，但是，特普曼最後還是下定決心去大膽嘗試一番。

特普曼第一次打電話給「快樂俱樂部」，當他剛說出自己的名字，電話裡隨著一聲斥責就被對方掛了。可是特普曼卻並沒有死心，又打了兩次，結果仍遭到對方的嘲弄和拒絕。

「這樣堅持下去，肯定還是毫無結果。」特普曼望著電話機喃喃自語，突然之間，他的心中出現了一計，這一次他再一次拿起了電話，而且這次他一上來就說有東西給俱樂部的董事長。對方以為他的來頭不小，於是連忙將董事長的電話號碼和姓名告訴了他。

特普曼得意的笑了，他立即打電話給「快樂俱樂部」董事長，告訴他想加入俱樂部的要求。董事長聽完之後並沒有立即明確表態，但是卻讓特普曼來陪他喝酒聊天，特普曼當然是滿口答應了。

透過喝酒聊天，特普曼慢慢的與這位董事長建立了良好的人際關係。幾個月之後，特普曼在董事長的特殊關照之下，最終如願以償，成為了「快樂俱樂部」中的一員。

而在以後的日子裡，特普曼在俱樂部當中又結識了很多的富商巨賈，與他們也建立了良好的關係。

到了一九七二年，丹佛市的房地產業陷入了大蕭條狀態，大量的壞消息讓這座都市的房地產開發商們信心喪失，丹佛的人們這個時候也開始為這個都市的命運擔心起來。

可是這對於特普曼來說，無疑是天賜良機，因為從前那些對他而言可望而不可即的好地皮，現在都可以以較低的價格任意挑選和收購了。

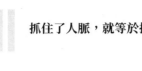

也就是在這個時候，特普曼從朋友那裡得到了一個消息：丹佛市中央鐵路公司委託維克多．米爾莉出售西岸河濱五十號、四十號廢棄的鐵路站場。

特普曼憑藉著自己的敏銳眼光和經驗判斷之後認為：房地產蕭條肯定只是暫時性的，賺大錢的好機會現在才真正到來。於是，特普曼立即把自己所擁有的幾個小公司合併起來，改稱為「特普曼集團」，這樣就讓他的實力更加強大了。

而第二天一早，特普曼便打電話給米爾莉，表示願意買下這些鐵路站場，並且還約定在米爾莉的辦公室商談這筆買賣。

風度翩翩、年輕精幹的特普曼給米爾莉留下良好的印象。他們很快就達成了協定：「特普曼集團」以兩百萬美元的價格購買了西岸河濱的那兩塊地皮。

結果就在不久之後，房地產回升，特普曼手中的兩塊地皮漲到了七百萬美元，特普曼見價格可觀，便立即將地皮脫手出售了。

就這樣，在經過許多人的幫助以及自己的努力之後，特普曼終於挖到了來自丹佛市的第一桶金——五百萬美元，而且可以說，這是他創業開始的第一筆大買賣，這也成為了他第一次獨立做成的房地產生意。從此之後，他開始了在美國輝煌的經商生涯。

可見，人脈就是一種無形的資產，而且還是一筆潛在的財富，特普曼成功的事例充分的說明了這一點。

留心觀察人脈，機遇自在其中

機遇對於每個人來說都是非常重要的，一個好的機遇可以改變一個人的命運，甚至可以讓一個人在一夜之間發生巨變。

曾經有人說過：「一個人百分之七十的機遇來自人脈。」這句話說得非常有道理，人脈活動為我們提供了這樣的平臺：既可以讓你認識你想認識的人，也能夠讓別人去認識你。當彼此之間從認識慢慢上升到了解的地步，那麼你在這樣的平臺就算得到了回報，而你也將獲得友誼和機遇。

有一位古錢幣收藏家，他叫王啟文，他的親身經歷非常值得我們去思考。王啟文原來是一所小學的美術老師。有一天，他在報紙上看到有人打算利用收集到的古錢幣來激發創作靈感的報導，於是王啟文也受到了影響，決定開始收集古錢幣。

為此，他還特意參加了非常廣泛的交際活動，首先印了五百多封誠懇的信件到一些收藏館，不久之後王啟文就收到了很多收藏館的回覆，並且也得到了很多的古錢幣。

至此，王啟文所參加的交際活動都是以「錢」為媒介的。到了後來，他認識了在報社工作的一位朋友，結果這位熱心的朋友一次就送給他十多套古錢幣，而且還給他提供了很多關於古錢幣的資訊，也介紹他認識了很多這方面的朋友。

就這樣，王啟文欣喜的結識到了五十多位還未曾謀面的朋友，他與各地朋友交換藏品，互通有無，而且他還利用休閒時間遍訪各地的朋友，甚至透過各種方法與國外的古錢幣愛好者建立起聯繫。其中，他得到了很多機會，長了很多見識，這也為他日後成名奠定了良好的基礎。

從此之後，王啟文開始在報刊上發表關於古錢幣知識的文章，而且還成為了一家報社的撰稿人。他的古錢幣藏品也得到了各界的廣泛好評，同時，王啟文也躋身於國際性收藏家的行列。

可見，機遇的多少與社交能力和交際活動範圍的大小幾乎是成正比的。因此，我們應該把發展交際與捕捉機遇進行緊密的聯繫，充分發揮自己的社交能力，並且不斷擴大交際圈，從而發現和抓住難得的發展機遇，最後擁抱成功。

也許有人會說「是金子總會發光」，但是，現實情況是，那些空有大志、滿腹經綸的人，最後卻總是鬱鬱不得志。這就好像俗語中所說：「千里馬常有，而伯樂不常有。」同樣的道理，有才華的人確實並不少見，但是真正能夠讓有才華的人得到發揮的伯樂卻很少。

王坤是一家美術學院的一位高材生，在她讀書的時候，她的老師們都覺得她日後一定能夠大有作為。

可是在幾年之後，王坤的同學有的在外商做了藝術總監，有的在大型服裝廠做起了設計顧問，可以說都取得了不錯的成績。但是王坤依然是一個不入流的畫師，每每要靠著畫一幅畫幾百元的收入來維持生計。

原因就在於王坤的性格高傲，每次到企業當中謀職，常常和別人相處不好關係。

所以，她最後索性一心作畫，期待哪天能夠遇上伯樂，提攜她。可是，她的伯樂始終沒有出現，再加上她自己一直都認為自己的大作非常不錯，聽不進朋友的建議。其實這一切都是因為王坤不懂得經營人脈，只等著機遇像天上掉金子一樣出現，怎麼可能不失敗呢？

數十位成功企業家最看重的成功要素中，機遇排到了第二位，可見，機遇對於事業的影響是非常巨大的，而一個人的機遇大部分就是來源於人脈。

其實，當你的手中有資金的時候，想要做一個穩當的投資時，你第一個想到的肯定是自己的朋友。因為朋友是你所了解的，也是你所信任的；當你的生意需要尋找合作人的時候，你想到的同樣也是你的朋友，因為與朋友合作等於就降低了風險，成功的機率變得更高。

特別是那些擁有廣泛人脈資源的人，他們從來都不會煩惱沒有機遇。因為他的朋友會主動為他送上機遇；當他有了好的機遇之後，也懂得與朋友一起分享，因為只有這樣，才能讓彼此的事業共同進步。

擁有關係，獲得成功很容易

在好萊塢一直都流行著這樣一句話：「一個人能否成功，不在於你知道什麼，而在於你認識誰。」也正如這句話所說，現如今已經是一個人脈的年代，誰都不可能成為魯賓遜那樣的孤膽英雄，所以，不管你現在是商界的領軍人物，還是普通的公司員工，我們沒有一個人可以逃脫人脈的影響。

美國著名的成功學大師戴爾．卡內基經過長時間的研究發現：專業知識在一個人的成功中所發揮的作用僅僅只是占到了百分之十五，而剩下的百分之八十五主要還是取決於人際關係。

可見，無論我們從事什麼職業，一定要先學會處理人際關係，這樣就等於是你在成功的道路上已經行走了百分之八十五的路程，而在個人幸福的路上走了百分之九十九的路程。

正是因為這樣的道理，美國石油大王洛克菲勒說：「我願意付出比天底下得到其他本領更大的代價，來獲取與人相處的本領。」

埃德沃．波克被稱為是美國雜誌界的一個奇才，可是我們誰又能想像得到，他當初所經歷的困苦和磨難呢！

在埃德沃．波克六歲的時候，他隨著家人一起移民到了美國，在美國的貧民窟生活，埃德沃．波克一生當中僅僅上過六年學校。埃德沃．波克在上學期間，依舊要每天工作賺錢。十五歲的時候，他放棄了學業，輟學進入一家公司工作。

但是即使如此，埃德沃．波克也並沒有完全放棄學習，他每天依舊堅持自學，而且最重要的是，埃德沃．波克有著長遠的眼光，很早就懂得經營人際關係。

就這樣，埃德沃．波克做出了一個讓任何人都意想不到的舉動，那就是他直接寫信給了很多的大人物，詢問一些關於他們童年的往事。比如：他寫信問當時的總統候選人哥菲德將軍，是否真的曾經在非洲工作過？他還寫信給格蘭特將軍，向他詢問一些關於南北戰爭的事情。

而當時的埃德沃．波克才剛十四歲，每週的薪水只有六元兩角五分，他就是用這樣的方法結識了美國當時最有名望的詩人、哲學家、作家、大商賈、軍政要員等名人。而那些名人也都非常願意接見這位可愛，並且充滿好奇心的波蘭小難民。

於是，埃德沃．波克因此獲得了多位名人的接見，到了後來，他決定利用這些非比尋常的關係來改變自己的命運。

埃德沃．波克這個時候開始努力學習寫作的技巧，然後向上流社會毛遂自薦，替他們寫傳記。不久之後，他便收到了像雪片一樣的訂單，而這個時候，埃德沃．波克則需要雇用六個助手幫助他，做這些事情的時候，埃德沃．波克還不到二十歲。

不久之後，這個富有傳奇色彩的年輕人被《家庭主婦雜誌》邀請成為了編輯，並且一做就是三十年，而且，埃德沃．波克也將這份雜誌辦成了全美最暢銷的著名婦女刊物。

埃德沃．波克的成功到底有多少是源自於他的專業知識呢？他僅上過六年學校，事實證明，正是因為積聚了一些特殊的人際關係，才成就了埃德沃．波克，讓他從一個一無所有的小難民，最後取得了讓一般人難以想像的成就。

人脈的重要性已經不言而喻了。如果我們把人際關係比作是大腦的神經網路，那麼其中的每個人就好像是一個神經元！突起的越多，與周圍的聯繫越密切，就會讓自己比別人更加靈敏，從而更加容易走向成功。

特別是在現如今，不管是保險、傳媒、廣告，還是金融、科技、證券等領域，人脈競爭力已經成為了一個日漸重要的課題。專業知識固然是重要的，但是人脈資源也同樣重要，而且從某種意義上來說，人際關係是一個人通往財富、榮譽、成功之路的門票，只有當我們擁有了這張門票，我們的專業知識才可以更好的發揮出來。

透過結識朋友的朋友擴展人脈

我們常說的「朋友圈」、「交際圈」、「工作圈」等，每當提到「圈子」，給人的印象往往就是一個封閉的環。其實交際圈子並不是封閉的，而是開放的，它不僅能夠不斷接納新的成員進入，而且還可以和其他的圈子互相交叉，從而讓不同的圈子之中的成員有互相結識的可能。其實透過自己的朋友，去結交朋友的朋友，這顯然是擴展自己人脈的一個好辦法。

劉明打算到海邊的一個都市去旅遊，但是他不想跟隨旅遊團，因為那樣只能走馬看花，可是如果自己一個人去，又是人生地不熟的，又怕不安全。

他為了能夠玩得快樂，便傳了訊息給通訊軟體上的好友們，希望他們可以給自己推薦一個信得過的當地朋友來幫助他。不僅如此，作為回報，他可以在對方來本地的時候給予對方同樣的接待，當然也可以在這次去的時候，為對方帶一點小禮物。

劉明的訊息發出去沒多長時間，他的朋友就給他介紹了當地的一個朋友，經過和朋友的反覆推敲，劉明覺得朋友介紹的朋友還是非常值得信賴的，於是就在朋友的牽線下，和對方取得了聯繫。

果然，對方非常熱情，不但以較低的價格幫劉明定好了酒店，而且還為劉明設計好了旅遊的路線，並且在休息的時候親自陪劉明轉了幾個景點。

最後在臨別的時候，劉明再三向對方表示感謝，而對方這樣告訴他：朋友託付的事情，等於就是自己的事，因為朋友的朋友就是自己的朋友。

由於受職業、活動地域和興趣愛好以及個人素養的限制，我們每個人的活動圈子都是有限的，在社會當中生活，我們幾乎每天都要面對陌生的領域和陌生的人，如果我們僅僅是憑藉自己的「勇敢」悶頭亂撞，那麼碰壁幾乎就成為了不可避免的事。

透過朋友的朋友，我們就能夠找到一條捷徑，從而避免在時間和精力上付出太多。與此同時，透過朋友的介紹，我們還可以接觸到很多我們原來並不熟悉的領域，並且從這些陌生的領域當中找到創業以及成功的機會。

根據國外的一份調查報告顯示：在對不同的企業的一百二十六位人力資源部經理進行調查之後發現，現有百分之三十七的人目前的工作是透過熟人、朋友和家人而得到的，位居第二的是透過人力資源網站或報紙廣告獲得招聘資訊而求職成功的，這一類人占總人數的百分之二十四。接下來位居第三的是透過職業介紹所和獵頭公司找到工作的，它的比例是百分之二十三。

除此之外，在接受調查的一百二十六人中，僅有三人是毛遂自薦打電話到公司求職而獲得新工作的。

在第一類人當中，他們的親戚、朋友和家人並不是他們想去任職的公司管理人員，而是管理人員的朋友，甚至可能是朋友的朋友。但是，正是靠著朋友之間的輾轉介紹，他們才有了一份令人羨慕的工作。

由此可見，即使是在人際關係相對淡漠的西方國家，大家也都是非常重視人脈資源的。

當然，我們在結交朋友的朋友時，是存在一定風險的。這風險主要存在於你朋友的朋友到底能不能像你的朋友那樣誠懇可交，如果你的朋友給你推薦的是一個口是心非的人，或者是不負責任的人，甚至是一個唯利是圖的小人，那麼你就要吃苦頭了，說不定還要付出一定的代價。

所以，當你請求你的朋友給你推薦朋友的時候，一定要去尋找自己信得過的朋友，同時要求你的朋友也能夠給你推薦信得過的人選。當然我們自身要有一定的甄別能力，當結識一個新的朋友的時候，千萬不要把所有的希望都寄託在他的身上。

人生沒有指路人，必定多走許多彎路

有句俗話說得好：「氣球飛不起來，這是因為它沒有被打氣；一輩子都不走運的人，這是因為他沒有足夠的人緣！」

特別是在職場當中，升遷的競爭雖然不至於像高普考擠獨木橋那樣的慘烈，但是其激烈的程度也足以讓身在其中的人望而生畏。假如單靠自己的實力去進行打拚，那麼出頭之日可以說是遙遙無期，所以，我們不妨借助一下「貴人」的力量，為自己的前途鋪路搭橋。

那麼，到底什麼人算是「貴人」呢？其實就是得寵顯貴或者是事業走運的人，而職場上的貴人自然就是那些大權在握的人。

而在你的職業生涯中，這類「貴人」很自然就成為了你人脈當中的潛力股，你要主動去親近他，以便在最為關鍵的時候，能夠得到他們的提攜和幫助。

劉秀與李莉莉畢業於同一所大學的印刷科系，而且兩個人又同時簽約了一家公司。當時她們兩個人原本的希望是能夠成為辦公室當中的一員，但是萬萬沒有想到，按照公司培育人才的方式規定，新來的大學生必須先到生產線工作一年之後，才能夠調到辦公室工作。

而且，她們兩個人又從師兄、師姐那裡打聽到，生產線的工作要比想像中的辛苦很多：每天都是轟鳴的機器聲，刺鼻的油墨味，而且還是白天晚上十二個小時的輪班，週末還需要經常性的加班。一般男生在那裡都很難堅持一年的時間，更何況是細皮嫩肉的女生了。

結果劉秀與李莉莉一聽，頓時就對這份工作失去了信心，與此同時，她們也開始動腦筋想辦法改變這種傳統的情況。

要想改變傳統，很顯然不是一件容易的事情，劉秀與李莉莉研究了很長時間，想到一定需要找個人幫忙才可以。但是找誰呢？

劉秀當時看重了公司生產總監鄧總。在新生進入公司，經過了一個月的職前培訓之後，董事長請客吃飯，慰勞剛剛結束培訓的大學生們，與此同時也鼓勵大家迎接即將開始的工作。當晚，公司各事業部的老闆也都出席了晚宴。劉秀看準機會，坐到了自己未來老闆鄧總的旁邊。二個小時的飯局，劉秀成功的讓生產總監記住了自己的名字。

第二天，就有人對她說，鄧總請她去辦公室一趟，結果劉秀忐忑不安的去了。鄧總大約四十多歲，看起來非常和善，他問了劉秀在學校時候的一些情況，以及她對公司的看法和對未來的設想，最後鄧總說：「小劉啊，我看你很機靈，有潛力，我這辦公室的祕書剛剛走了，你就接替他的職位吧。」

當時劉秀簡直不敢相信自己的耳朵，於是她囁嚅的說：「我？……」鄧總說：「好好做，我相信你可以！」

與此同時，李莉莉也使出了找人幫忙的方法，但是她找的是負責他們新人培訓的人力資源部培訓主任。

在入職培訓的時候，組織培訓的人員問到個人職業生涯規劃的時候，李莉莉就直接坦言，要從事人力資源的工作。在一個月的入職培訓時間裡，李莉莉經常主動幫忙布置培訓室，收集大學生們的各種需求資訊，而且還會及時回饋給主任，儼然就成為了主任的一個小跟班。

沒過多長時間，人力資源部的經理找她過去，和她閒聊了一會兒，之後又問她，現在培訓主任下面空缺一個職位，問她願不願意過來，李莉莉聽後欣喜若狂，滿口答應，人力資源部經理說，那下午你就過來上班吧。

鄧總和人力資源培訓主任都是公司裡面的紅人，他們都是大權在握，只一句話就可以決定新員工在公司的命運。

而劉秀和李莉莉正是透過認真觀察、主動尋找她們在職場上的「紅人」，並且積極與之建立聯繫，使之成為了自己所用的人脈資源，從而達到了自己的目的。

由此可見，在我們的人生道路上，任何時刻，任何場所，都會有不同的「貴人」出現，只要你用心接近他們，從而博得他們的好感，那麼你的前途一定是光明的。

人生順利否，人脈因素是關鍵

人脈是我們每個人都不能夠忽視的一筆潛在財富。如果沒有了豐富的人脈關係，那麼我們無論做什麼事情都會舉步維艱。

換句話說，如果你的人脈非常豐富，那麼你的力量也可能就越大。可能別人辦不了的事情，也許你的一個電話就能夠非常圓滿的解決了；反之，當你費了九牛二虎之力都沒有辦法解決問題的時候，可是卻有人能夠輕輕鬆鬆就辦好了。二者的不同點在於你有沒有一個有效的、豐富的人脈關係，而這也是你通往成功的捷徑。

雖然我們經常說是金子總是會發光的，但是這需要有人能夠看見才可以。在現實生活當中不乏有這樣的人，他們一個個相貌堂堂，胸懷大志，才華滿腹，既有學歷，而且又有超人的工作能力。可是，他們卻始終鬱鬱不能得志，甚至是別人眼中的失敗者和負面教材。而到了這個時候，燙金的文憑，豐富的經歷可能反而成為了他們的累贅。有的人會認為這些人的命為什麼這麼苦，如果我們這麼去想，那麼就錯了，因為你是一匹千里馬這是遠遠不夠的，還需要有伯樂的存在。

美國的老牌影星寇克．道格拉斯在年輕的時候十分落魄潦倒，在當時幾乎沒有一個人，特別是那些知名的大導演都不認為他能夠成為一個明星。

但是，有一次，寇克．道格拉斯乘坐火車的時候，偶爾與旁邊的一位女士攀談起來，沒想到正是這麼一聊，聊出了寇克．道格拉斯的人生轉捩點。

沒過幾天，寇克．道格拉斯就被邀請到了製片廠。原來，這位女士居然是一位知名的製片人。

其實，這個故事正好說明：即使寇克．道格拉斯真的是一匹千里馬，可是如果沒有遇到這位「女伯樂」，那麼他的美夢自然也是無法成真的。

查爾斯．華特爾就職於紐約市的一家大銀行，有一次，他奉命要寫一篇關於某一公司機密的報告。而查爾斯．華特爾知道有一個人擁有他非常需要的資料。

於是，查爾斯．華特爾打算去見這個人。這個人是一家大型工業公司的董事長，當查爾斯．華特爾被請進董事長辦公室的時候，一個年輕的婦女剛好從裡面探頭出來，告訴董事長，她今天沒有郵票可以給他。

原來是該公司的董事長在為自己十二歲的兒子搜集郵票。

查爾斯．華特爾開門見山的說明了他的來意之後，就開始提出問題。可是董事長的回答卻總是非常含糊、模稜兩可。不管查爾斯．華特爾怎麼樣試探都沒有效果。

結果，這次見面的時間非常短，而且事實上也並沒有取得什麼實質性的效果。

到了後來，查爾斯．華特爾回憶道：「坦白說，我當時真不知道該怎麼辦。」之後，查爾斯．華特爾把這件事情在希爾的會議上提了出來，接著，查爾斯．華特爾想起了他的祕書對他說的話——郵票，十二歲的兒子……

查爾斯．華特爾想起了所在銀行的國外部門搜集郵票的事，他從來自世界各地的信件上取下來很多郵票。

在第二天的早上，查爾斯．華特爾再一次去找他，而且傳話進去，說他有一些郵票要送給他的孩子。

於是，當查爾斯．華特爾見到這位董事長的時候，他滿臉都充滿了笑意，而且非常客氣。之後，查爾斯．華特爾和他花費了一個小時的時間談論郵票，之後，他們又花了一個多小時進行交談，董事長把查爾斯．華特爾想要知道的資料全都告訴了他。

事情就是這樣，當你無法與關鍵人物搭上關係的時候，事情通常就變得非常難以取得進展，但是，一旦你與關鍵人物建立了聯繫，那麼事情就好辦多了。

在生活當中，募捐的人經常說「有錢的出錢，沒錢的出力」，甚至還有「以工代賑」之類的話，這其實只說明了一個道理：人就是資源。

利用人脈為自己服務，增強自身實力

現在很多從事培訓工作的人，總喜歡說這樣的話：「學歷是銅牌，能力是銀牌，人脈是金牌。」、「成功只有百分之二十靠的是能力，還有百分之八十靠的是人脈。」

如果我們僅僅認為發展人脈就是換名片，這樣的想法真的是大錯特錯！名片並不等於人脈，人脈也不見得就是財富。那麼，我們到底應該如何發展自己的人脈，並且透過人脈為自己服務呢？

首先，我們要給「人脈」下一個定義。在這裡，「人脈」並不等同於朋友。因為有些朋友是沒有利益關係的，而有的朋友則是基於利益基礎的。真正的人脈就是指那些有利益關係的朋友。

如果從人脈的定義來看，人脈的本質就是價值交換，也就是彼此對對方的價值。所以，你可能有很多的朋友，但是如果這些朋友都不能夠在你的事業上幫助你，那麼很難說你的人脈有多廣。而對方幫助你的前提，往往是你能夠先幫助別人，或者更直接一點的說，人脈的基礎其實就是相互的利用價值。

僅僅認識多少人這是沒有用的，關鍵還在於你有多少被對方利用的價值。如果你不能夠給別人提供價值，或者你認識的人不能夠給你提供價值，那麼這種人脈的價值就會變得非常低。要想利用人脈為自己服務，關鍵還在於創造價值，之後你拿著這個價值和別人去進行交換，或者說你先為別人服務一下。

其實，一個人越成功，往往越說明他創造的價值越高，換句話說就是他「被利用的價值」越高。杜月笙曾經說過這樣一句話：「不要擔心被人利用，能夠被人利用，那說明你還是有價值的。」

那麼為什麼有人會覺得「被利用」是一件非常受傷的事情呢？其實關鍵就在於，在雙方合作之前，彼此之間沒有達成共識。其實「被利用」並不可怕，關鍵在於被利用的人能夠得到想要的東西，從而實現價值目標。

曾經有一些自由職業者的諮詢顧問，他們經常會免費的為公司提供服務或者講座，這其實就是一個透過「被利用」的機會創造人脈的一個非常好的案例。

透過免費服務，就為自己創造了一個別人認可你價值的機會，從而拓展了自己的人脈。在別人認可你的價值時，成功離你也就更近了一步。

而大學生的實習計畫也正是一個透過「被利用」增加人脈的好方法。大多數的公司支付給實習生的薪水都是比較低的，不過實習生看重的往往不是薪水，而是這段寶貴的實習經歷。這樣的經歷會拓展自己的人脈關係，對於自己未來的求職會有很大的幫助，由此可見「被利用」不一定就是壞事。

所以，想要讓別人為你服務，那麼前提就是你自身擁有多少「被利用的價值」，其次才是如何把你的價值透過人脈逐漸放大。

而想要建立一個有效的人脈網路，那麼就必須明確自己的職業方向，並且圍繞這一方向去提升自己的綜合素養，從而構建自己的核心競爭力，成為有價值的人。

如果自己不能夠成為一個有價值的人，而是整天攀附權貴，這樣本末倒置的做法，肯定是不能夠建立一個高效的人脈關係的。

現如今，有的人總是強調「貴人」的作用。其實，我們每個人都有自己的「貴人」，但這個「貴人」很少會像天使一樣，無怨無悔來到你的身邊。所以，要想讓別人為我們更好的服務，首先要讓他們覺得值得為我們服務。

朋友多了路好走，條條大路通羅馬

「這些年，一個人，風也過，雨也走，有過淚，有過錯，還記得堅持什麼」，周華健的一首《朋友》，不知道唱出了多少朋友的心聲，也展現出了朋友在人的一生當中不可替代的位置。

交朋友其實就好像是晒梅子，梅子剛開始的時候也是新鮮的果子，經過了一番時日的醞釀，才製作出了甜美的美味。朋友自然也是由生而熟，在長時間的交往過程中，各種不同的思想見解，最後經過交流和衝突終將融合。而兩個不同的東西，要完全融合，自然是需要時間的，時間就是最好的考驗。只有在面臨變故的時候，能夠共患難的人，才能夠稱得上是真正的朋友。

德國的凱西爾說：「沒有朋友的人，只能算半個人。」而波斯的薩迪也說：「損失一個朋友，你就等於是損失一個肢體，時間可以讓自己的痛苦減除，但是失去永不能補償。」

有一些人缺乏與比自己優秀的人交往的信心，心中總是擔心被人家瞧不起，或者是被人家說攀高枝，結果就失去了獲得激勵、學習、奮鬥這一系列動力的機會。我們應該勇於與那些豁達樂觀、富於進取、品德端正的人進行交往，這才是你人生真正的財富。

朋友是你的另一個生命。在你的眼裡，朋友可能都是善良而睿智的。所以，當你和他們在一起的時候，一切也都將變得順利。

「朋友」二字說來容易，但是真正做起朋友來，卻還是有著許多玄妙之處，猜不透弄不明便非常容易吃虧上當。

如果你想要獲得朋友，那麼這顯然是需要時間的驗證，千萬不要輕率的把你的信任給予他。因為，有的人只是平安時期的朋友，而到了困難的日子他就靠不住了。還有一些人僅僅是酒肉朋友，在你幸運的時候他能夠和你一起，而在你不幸的時候，他就會與你分道揚鑣。

在西方，有一句富於哲理的話：「把一匙酒倒進一桶汙水裡，得到的是一桶汙水；把一匙汙水倒進一桶酒裡，得到的還是一桶汙水。」在生活中，人不能沒有朋友，也不能離開朋友，但是如果是結交那些對你有害無益的朋友，就如同是一匙汙水倒進了酒桶裡，甚至會對你的人生產生莫大的負面影響。

如果擇友不慎，其消極的思想、低下的品格、惡劣的行為，至少會讓你生存的環境變得更加惡化起來，如果隨波逐流，那麼後果是不堪設想的。

假如你現在已經結交上了壞朋友，那麼就應該採取敬而遠之的態度。我們的朋友當中絕對不應該包括那些虛偽的、貌合神離的朋友。所以，辨真偽是擇友要義。

關於結交朋友有這樣一則故事：

有兩個人非常要好，彼此不分你我。有一天，他們走進了沙漠當中，乾渴威脅著他們的生命。

上帝為了考驗他倆的友誼，於是就對他們說：前面的樹上有兩個蘋果，一大一小，吃了大的就能夠平安的走出沙漠。

兩人聽完之後，就都開始讓對方吃那個大的，而自己則堅持吃小的。爭執到最後，誰也沒說服誰，兩個人在極度的勞累中迷迷糊糊睡著了。

不知道過了多長時間，其中一個人突然醒來，卻發現他的朋友早已經向前走了。於是他急忙走到那棵樹下，摘下蘋果一看，蘋果是非常小的。這個時候他才感到是朋友欺騙了他，於是懷著悲憤與失望的心情繼續向前走著。

突然，他發現朋友在前面昏倒了，他跑了過去，將朋友抱起。這個時候，他才驚異的發現：朋友手中緊緊的握著一個蘋果，而這個蘋果比他手中的蘋果要小了許多……最後，他們都通過了上帝的考驗。

總體來說，在與朋友相處的時候，我們應該記住以下兩點：

第一，不要輕易去懷疑自己的朋友。

各種猜測和疑慮都非常容易造成朋友之間的裂痕。我們應該相信，一些誤解一定會隨著時間的推移而真相大白的。

第二，要學會付出。

付出真誠的心和愛，才會讓我們的生活變得更有意義。在這個擁擠的世界當中，能夠多付出一點愛和寬容的人，總能夠找到一片廣闊的天地。

失敗不可怕，有了人脈就會東山再起

俗話說：「大樹底下好乘涼。」如果你能夠多結識幾個有分量的「貴人」，那麼可能就會改變你的一生。所以，尋找生命當中的「貴人」，這也應該成為我們人際社交當中最重要的目標之一。

其實，我們所說的貴人就是能夠在你的人生事業當中產生關鍵性作用的人。這樣的人，也許就在你的身邊，也有可能就在你剛剛結識到的朋友裡面，但是最為重要的是我們要去發現、去尋找。

而一旦你遇到了這樣一個人，並且和他建立了深厚的友誼，那麼你的生活和事業可能就會因為得到他的幫助而變得順利很多，即使失敗了，也能夠依靠他重新站起來。

阿基米德說過：「給我一個支點，我可以撬起地球。」而對於一個渴望辦成事的成功人士來說，貴人就是那個支點，憑藉貴人，我們就可以非常輕鬆的撬起沉重的人生，讓所有的事情都變得異常順利。

荷莉·艾美利亞出身寒微，在她十六歲的時候就輟學自謀生路，但是她有很強的進取心，而且小小年紀就立志要創辦一家服裝公司，並且還不露聲色的執行著自己心中的計畫。

在十八歲那年，荷莉·艾美利亞進入到斯特拉根服裝公司成為了一名業務員。這是一家非常著名的時裝公司，荷莉·艾美利亞在這家公司學到了許多寶貴的東西，為自己開拓事業做好了準備。

到了後來，荷莉．艾美利亞和一個朋友合夥，用七千五百美元開辦了一家服裝公司。在她的悉心經營下，這家小公司的生意非常不錯。但是，荷莉．艾美利亞卻並沒有因此而感到滿足，因為她認為，老是做與別人一樣的衣服肯定是沒有出路的。

荷莉．艾美利亞想，只有設計出別人沒有的新產品，才能夠在服裝業當中出人頭地，但是，這就需要尋找一個優秀的設計師做自己的合夥人。

可是這樣的設計師到底去哪裡找呢？有一天，荷莉．艾美利亞外出做事，她發現一位少婦身上的藍色時裝非常新穎別緻，於是就緊跟在她後面，當時少婦還以為她是心懷不軌的小偷，對此，荷莉．艾美利亞連忙解釋，知道真相之後，少婦轉怒為笑，並告訴她這套衣服是自己的丈夫大衛斯特設計的。

於是，荷莉．艾美利亞心裡就有了聘請大衛斯特的念頭。經過一番調查，她發現大衛斯特果然是一位非常有才華的人。他非常善於設計，曾經在三家服裝公司裡面工作過。而且他最近剛剛離開了一家公司，原因就是他提出了一個很好的設計方案，但是不懂設計的老闆不僅沒有肯定，反而還蠻不講理的把他訓了一頓。大衛斯特一氣之下辭職不做了。

知道了大衛斯特的遭遇後，讓荷莉．艾美利亞找他成為合夥人的信心更足了。

最後，大衛斯接受了荷莉．艾美利亞的要求，而且他果然身手不凡，不僅設計出了很多頗受歡迎的款式，而且也是第一個採用人造絲來做衣料的人。

由於服裝造價低，並且先別人一步，可謂是占盡風光，荷莉．艾美利亞的服裝公司業務蒸蒸日上，不到十年，就成為了服裝行業中的「一枝獨秀」。

很顯然，這裡面有很大一部分的功勞要屬於大衛斯特，如果不是他的才華，那麼荷莉．艾美利亞的事業是不會達到這樣一個高度的。而荷莉．艾美利亞也正是因為有機會結識到大衛斯特這樣的貴人，所以才不遺餘力的「拉攏」他，使之成為了自己的合夥人，為自己找到了成就事業的捷徑。

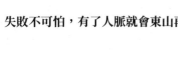

第四章

打造牢固的人脈基礎：注重提升自我修養

時刻保持微笑，冷冰冰的模樣好嚇人

與人交往，最為重要的就是溝通，要溝通那麼就避免不了要說話。據統計，使用人口超過一百萬的語言有一百四十多種，而聯合國指定的語言有六種。在這麼多的語言當中，到底哪一種才能讓我們和別人進行更好的溝通交流，並且能夠在最短的時間之內縮短我們與別人之間的距離感呢？其實這裡面有一個全世界通用的語言，那就是微笑。

一個微笑可以讓陌生變為相識，可以讓相識變為相知，最終如春風化雨，滋潤著人們的心田。一個微笑，在有的時候不僅能夠拉近人們之間的距離，而且也能夠成為人與人之間的潤滑劑，如果有人與你爭吵，而你與其反唇相譏，倒不如用你的微笑來化干戈為玉帛。

鄰居張大媽在自家樓前的小片空地上種了一些蔥。有一天，王大媽一邊和人說話一邊走路，一不小心踩到了張大媽的蔥，正巧這一切都被從屋子裡出來的張大媽看見了。她倆素來不和，張大媽一看自己心愛的蔥被踩了，開口便罵道：「你老花眼了，那麼寬的路不走，偏偏來踩我的蔥？」王大媽也不是好欺負的人，立刻還嘴道：「我就踩了，路是大家的，我想走哪就走哪！」

眼看著一場激烈的舌戰即將爆發。這個時候，張大媽的丈夫走了出來，一個和藹儒雅的男人。只見他面帶著微笑，手裡還拿著幾棵摘好的蔥，來到她們面前，說：「王姐，這蔥你拿回去嘗嘗吧，這可是正宗的生機食品。我們鄰里鄰居的吵架多讓人笑話，你說是不是？」

俗話說，抬手不打笑臉人，王大媽畢竟是理虧的一方，於是便先緩和了語氣，解釋道：「我也不是故意的，只是跟人打個招呼嘛，誰知道就一腳踩了上去。」張大媽見人家也不是故意的，就沒有繼續糾纏。

從這之後，再也沒見她們爭執過。而且那片小地，又種上了豆角、黃瓜，甚至還能經常看見王大媽來幫著澆水、施肥。

如果當時張大媽的丈夫出來的時候也是繃著一張臉，那麼事情也許就不會這麼圓滿的解決了。

微笑的力量不僅僅是牽動臉部的幾塊肌肉而已。一個微笑，可以表達出你的真誠；一個微笑，也可以表達出你的善意；一個微笑，還可以表現出你的禮貌。

不可隨便插話，要懂得傾聽

培根曾經說過：「打斷別人，亂插嘴的人，甚至比發言冗長者更令人討厭。」打斷別人說話是一種最無禮的行為。

我們每個人都有很強的表達自己願望的欲望，但是如果我們在表達自己願望的時候不去了解別人的感受，甚至不分場合與時間，很多時候就會打斷別人說話，甚至是搶了別人的話，這樣自然就會擾亂別人的思路，從而引起對方的不快，有的時候甚至還會產生嚴重的誤會。

當你看到自己的朋友和一些不認識的人聊得非常開心的時候，你可能也非常想和他們一起聊一聊。但是由於你不知道他們在聊什麼話題，那麼你的突然加入就會讓他們感到很不自在，也許原來聊天的話題就會因為你的插入而無法再持續下去了。更糟糕的是，也許他們正在進行著一項重大項目的談判，可是由於你的加入就讓他們再也沒有辦法集中思想進行談判，於是可能就在無意當中失去了這筆交易；或許是他們正在熱烈的進行著一些討論，甚至是苦苦思索要解決一個難題，可是正當這個關鍵時刻，也許正是由於你的插話，導致了他們想不起來剛剛要用什麼辦法來解決問題，最終，整個場面的氣氛也許會變得非常尷尬。

而在這個時候，大家一定都會覺得你非常無禮，從而越來越多的人就會開始討厭你，你的人際關係就會受到很大影響。而當一個人正在興致勃勃講話的時候，你如果突然插嘴說：「你說的話以前都說過了。」那麼說話的這個人就會因為你打斷了他的話，無法對你產生好感，而且別人也無法對你建立起好感來。

有很多不懂禮貌的人總是會在別人談話的時候，特別是在別人說話說到非常高興的時候，就突然的「殺」進來，讓別人猝不及防，甚至有的人還會沒玩沒了，滔滔不絕。這種人往往不會預先告訴你，說他要插話了。

有一次，有一個老闆正在和幾位重要的客戶談生意，眼看已經談得差不多了，老闆的一位朋友進來了。這位朋友一進來之後就插話說：「哇，我剛才在大街上看了一個熱鬧……」接著就開始往下講這個熱鬧了。當老闆示意他不要再說話的時候，這位朋友還是說得津津有味。

當時客戶見談生意的話題已經被打亂，於是就對老闆說：「你先跟你的朋友談吧，我們改天再來。」於是客戶就非常生氣的走了。老闆的這位朋友亂插話，最終導致了老闆的一筆大生意合作生敗。

隨便打斷別人的說話，或者是中途插話，這是一種非常不禮貌的行為，但是很多人都存在這樣的陋習，不知不覺中就破壞了人際關係。

要想擁有好的人緣，要想讓別人能夠喜歡你，接納你，那麼首先就必須改變隨便和別人說話的陋習，在別人講話的時候我們千萬不要多嘴，要學會認真聆聽。

有很多人，他們為了能夠讓別人贊同自己的觀點，不管是什麼情況，都滔滔不絕的說個不停，讓別人根本沒有說話的餘地。

特別是有一些推銷人員，最容易犯這個毛病，一味的對顧客誇耀自己的東西多麼的好，讓顧客沒有說話的餘地，其實這是一個非常愚蠢的辦法。

只有當顧客有了購買你商品的想法，才會挑剔你的商品，甚至是會批評你的商品，其實你根本就不用與他進行爭辯，當他選定之後，他自然就會購買。如果你只是一味的與他爭辯，就如同指責顧客沒有眼光，不識好歹一樣，顧客肯定是不高興的，你的生意也肯定是做不成的。

在別人說話的時候，如果有什麼不同意見，應該等別人說完了再說，千萬不可插話。所以我們應該做到耐心的、認真的傾聽別人的講話。

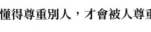

懂得尊重別人，才會被人尊重

當我們在與他人交往的過程中，人與人之間關係的疏密遠近，其實都是由能否互相尊重決定的。只有你把別人當做朋友，別人也才會把你當做朋友。你敬對方一尺，對方自然才會敬你一丈。

在生活當中，不要因為一些雞毛蒜皮的小事，就斷然撕毀了朋友之間的面子。從我們的個人需求上來講，一個正常的人自然是需要他人的尊重和敬重的。我們每個人都不可能一個人單獨生活，都需要朋友的友誼，而獲得友誼和朋友必須建立在對他人尊重的基礎之上。

人與人之間的相互尊重，在人類社會的交往過程中有著非常重要的作用。歷史上有許多人正是因為尊重他人，才借助他人的聰明才智為自己所用。

在戰國時期，魏國大將龐涓由於嫉妒孫臏的才能而陷害他，最後居然把孫臏的兩個膝蓋骨挖掉，致使孫臏不能走路。

而齊國國王知道孫臏是一個非常有才華的人，於是就派人偷偷的把孫臏接回齊國，並拜孫臏為軍師。齊王尊重孫臏的才華，並沒有因為他是一個身心障礙者而瞧不起他。

在魏國攻打趙國的時候，趙國向齊國求救。齊王封田忌為大將，孫臏為軍師，出兵救援趙國。

結果田忌按照孫臏的計策，直接就攻打到了魏國的首都，致使魏國不得不退兵自保，這這就是歷史上著名的「圍魏救趙」的故事。

後來孫臏又運用減灶之法，誘使龐涓中計之後兵敗身亡，至此齊國名聲大振。如果齊王不尊重孫臏，那麼孫臏的聰明才智自然也是不可能發揮得淋漓盡致，也不可能成就齊王的偉業。

其實尊重他人這也是一種美德，在日常生活當中，人們離不開與別人打交道，而這個時候尊重和理解他人就顯得尤為重要了。

呂寧和李秋蘭都是剛剛畢業的大學生，才工作不久。呂寧是一個性格活潑、不拘小節的人，而李秋蘭則是一個細心溫和的人。

在開始的一段時間，大家還是非常喜歡她倆的，也願意熱心幫助他們。但是漸漸的，情況卻發生了變化。

直到有一天，呂寧覺得大家都變得不太喜歡和自己說話了，可是李秋蘭似乎沒有這種煩惱。這是什麼原因呢？原來問題就出在平常她與人交往的每個細節裡面。

特別是當年輕的同事在一起聊天的時候，通常會聊起哪裡有好吃的東西，但是不等別人說完，呂寧總是會迫不及待的突然插話：「哪有那麼好吃啊！我上次吃了覺得一點都不好吃。」或者「對對，我吃過。」中途經常是打斷別人的話，這顯然是非常不尊重人的。而李秋蘭則會等同事把話說完再發表自己的看法。

在和同事聊天的時候，呂寧總是閒不住，經常做一些小動作：玩手指、打哈欠等。而李秋蘭則會靜靜的傾聽，有的時候會加以評論，她從來不會在聽同事講話的時候，自顧自去做自己的事情。

而且在每個月初，公司部門都需要進行一次例會，每個人都要把自己的工作方案在討論會上展示一下。在別的同事的提案還沒有說完的情況下，如果呂寧發現了問題就會立刻站起來發問，這讓正在發言的同事感到非常的懊惱。

特別是在一次討論會上，同事小王剛剛闡述了自己的一半觀點，呂寧就發現在他的方案中有一處不嚴謹的地方，於是立刻站起來說：「我覺得你這個地方行不通。」

其實當時很多同事都已經看出這個缺陷，但是小王很惱火自己的闡述被打斷，於是不客氣的反駁了呂寧。就這樣，兩個人爭執不下，最後在同事的勸解下才了事。

儘管大家都知道呂寧的人品不壞，可是她就是不懂得尊重別人，總是喜歡打斷別人的談話，所以大家都不願和他交朋友。

在這個世界上並沒有完美的人，人總是會犯一些錯誤。但做人不應該只顧著討論別人，也要檢討一下自己。當你隨意揭露別人傷疤的時候，如果對方也採取同樣的方式來對待你，那麼你的心裡又會怎麼想呢？

孟子說：「愛人者，人恆愛之；敬人者，人恆敬之。」一個人在與別人交往的過程當中，如果能夠很好的理解別人、尊重別人，他也會得到別人的理解和尊重的。

你希望吸引別人嗎，請幽默一些

在人際社交的過程中，幽默可以讓我們避免在交往的過程中產生摩擦，達到潤滑劑的作用。可以說幽默是心靈與心靈之間快樂的天使。當一個人擁有了幽默，就等於是擁有了愛和友誼。一個具有幽默感的人，他所到之處也一定會是一片歡樂的氣氛，而且除此之外，幽默還能夠消除人與人之間的不和諧因素，帶給我們快樂。

在一個雨後的早晨，有一位小夥子一不小心踩到了別人的腳，他回頭一看原來是一位漂亮的女孩。漂亮女孩新穿的鞋了已經被踩髒了，女孩滿臉的怒氣。小夥子這個時候連忙說：「對不起，對不起，我不是故意的。」接著又伸出一隻腳，認真的說：「要不然你也踩我一腳。」就這樣，漂亮女孩一下子就被小夥子給逗樂了。而小夥子這個時候又趁機搭訕，女孩也很樂意和他交談，他的活潑和幽默也給女孩留下了非常深刻的印象，後來他們兩個人居然成了非常要好的朋友。

其實，幽默能夠讓僵滯的人際關係變得活躍起來，也能夠讓人心情開朗，愉悅樂觀。我們可以把幽默看成是一門語言藝術，能夠以生動深刻的語言來消除人們的緊張感，化解人們之間的矛盾，讓不利的一方擺脫困境，一個善於表現幽默的人，更容易被他人喜歡。

李新民和劉超群都是剛剛進入公司的新人。李新民血氣方剛，容易衝動；而劉超群則比較穩重，並且還非常幽默。

有一次，因為工作上的一些小摩擦，兩個人之間產生了矛盾，李新民怒氣衝衝的將劉超群拉到外面的走廊裡，決定找個時間，選個地方與劉超群決鬥。

劉超群笑著說：「決鬥吧，我也不怕你，不過方式得由我決定。」李新民同意了。劉超群說：「現在讓我們之間相距五公尺，赤手空拳，看誰先把對方打倒。」李新民聽完之後先是一愣，然後就哈哈大笑起來，透過這樣的方式，兩個人的誤解立刻就消失得煙消雲散了。

幽默在有的時候能夠給你帶來意想不到的好處，因為它不僅能夠讓你成為一個受歡迎的人，而且也會讓別人願意與你相處。

如果你學會幽默，在給別人帶來歡樂的同時不僅會獲得更多人對你的喜愛，也會獲得更多人對你的關心和支持。

在人與人相處的時候，有時難免會因為一些事情發生尷尬，如果不及時處理還會引起更糟糕的事情，但是在這個時候運用幽默的語言，就能夠輕鬆化解。

有一位國王外出狩獵，到了中午時分，感到有些飢餓，於是就在附近的一家飯店點了兩個雞蛋來充飢。

吃完雞蛋，店長拿來了帳單，國王看了一眼奴僕遞過來的帳單，非常憤怒的說：「兩個雞蛋居然就要我兩法郎，雞蛋在你們這裡真的是稀有之物吧。」店家畢恭畢敬的回答：「不，尊敬的國王陛下。雞蛋在這裡並不是什麼稀罕之物，但是雞蛋的價格必然是要和您的身分相稱才行。」國王聽完之後哈哈大笑，不僅讓奴僕付了帳，高興之餘還給了店家很多賞錢。

就這樣，聰明的店家依靠幽默的言詞，不僅保全了自己的性命，而且還得到了豐厚的收入。可見在人際社交的過程中，幽默能發揮重要的作用。學會適時的幽默，會給你的人脈增光添彩。

把誠信當砝碼，穩定人脈天平

年輕、財富、學識、友誼，無可厚非，這些都是人生的資本，但是這些都不是人生最重要的。人生最重要的資本，是信用。信用是一種彼此的約定，更是一種具有約束力的心靈契約。

儘管它是無體無形的，但是它卻比任何法律條文都更加具有震撼力和約束力。一個沒有信用的人，想要躋身於成功者的行列，肯定是不可能的。

那些流芳百世、聞名世界的成功者，都是以自己的信用來贏得別人尊重的人。因為，信用就是高尚品格的象徵。

在西元前四世紀的義大利，有一個名叫皮斯阿司的年輕人觸犯了國王，被判處絞刑，幾天之後，在特定的日子裡面將被處死。

而皮斯阿司是一個大孝子，在臨死之前，他希望能夠與遠在千里之外的母親見上最後一面，以表達他對母親的歉意，因為他不能夠為母親養老送終了。他的這一要求最後被告知了國王。

國王當時被他的孝心所感動，就答應了他回家的條件，但是國王要求他必須為自己找個替身，暫時替他坐牢。

這是一個看起來簡單，但是近乎不可能實現的條件。有誰願意冒著被殺頭的危險替別人坐牢呢？這豈不是自尋死路。可是在茫茫人海當中，就有不怕死的人，而且還真的願意替皮斯阿司坐牢，而他就是皮斯阿司的朋友達蒙。

當達蒙住進牢房之後，皮斯阿司回家與母親訣別。人們都靜靜的看著事態的發展。日子就這樣一天天的過去了，皮斯阿司還沒有回來，眼看刑期就快到了。

這個時候，人們一時間議論紛紛，都說達蒙上了皮斯阿司的當。

行刑這一天是一個雨天，當達蒙被押赴刑場的時候，圍觀的人都在笑他的愚蠢，幸災樂禍的也大有人在。刑車上的達蒙則是面無懼色，慷慨赴死。

絞索已經掛在達蒙的脖子上。膽小的人這個時候都嚇得緊閉了雙眼，他們在內心深處為達蒙深深的惋惜著，同時也更加痛恨那個出賣朋友的小人皮斯阿司。

可是就在這千鈞一髮之際，在淋漓的風雨當中，皮斯阿司飛奔而來，他高喊著：「我回來了！我回來了！」

這一幕實在是太感人了，許多人都還以為自己在做夢。這個消息就好像是長了翅膀，很快便傳到了國王的耳中。國王聽完之後，也以為這是謊言。於是他決定親自趕到刑場，要親眼看一看。最終，國王萬分喜悅的為皮斯阿司鬆綁，而且還赦免了他的罪行。

在赦免的現場，國王當眾宣布了自己也要以信用立國，以信用治天下的政令。

國王說，他為自己的國家有這樣的子民感到高興，為自己的國家有這樣講信用和義氣的子民感到非常自豪。從上面這個事例中，可見信用的力量是多麼的強大。不管是一個人，還是一個組織，一個國家，當信用成為安身立命的原則之後，就可以改變成敗，也可以創造歷史。

現在全社會都在提倡誠信，可見誠信對於一個人，一個企業，甚至是一個國家來說是多麼的重要。誠信是一個人最寶貴的品格，一個人有沒有能力並沒有多大關係，最重要的是要有一個誠實守信的好品格。

吃獨食的人，別人也不會讓你分羹

在人際社交的過程中，關係網是非常重要的，特別是在物質經濟高速發展的現代社會，人際關係網在社會經濟活動當中有著舉足輕重的作用。俗話說：「多個朋友多條路」，如果你的關係網夠大夠密，那麼你的路也會更廣、更寬，處理事情自然也能夠取得事半功倍的效果，而對於成就大業的人來說，關係網則有著決定性的作用。

人往往是自私的，總是喜歡偏向自己，總是想著從別人那裡得到好處，也總想著從別人那裡得到歡樂，這種傾向總是能夠讓別人感受得到，這從根本上決定了人與人之間的關係長久不了。

獨木難成林，每個人都需要進行社交，每個人也都想擴大自己的交際圈，獲得穩定、長久的關係網，但是關係網並不是立即就可以建立起來的，這就好像是草地變森林一樣，需要細心的播種，需要細心的編織。穩定、長久的關係網需要細心的經營，我們不能夠只考慮個人利益，要多關心他人。

那麼，我們如何才能夠建立一個經得起考驗的人際關係網呢？需要遵循以下幾個原則：

第一，關心別人要多過關心自己。

要想建立良好的人際關係網，那麼就不能夠只顧個人利益，而應該多替別人考慮。人往往只有在知道自己是否關心別人之後，才會在乎自己是否真的了解別人，真心實意的關心往往能給人留下深刻的印象。

劉邦正是因為知道關心人，所以才能夠讓那麼多的將才為自己打天下；劉備關心屬下，講義氣，所以才有如此多的人跟隨，助他三分天下，李廣將軍把自己的屬下甚至當自己的孩子看待，所以在軍中才會有威信。

可是，一個人如果只考慮個人的利益得失，最後的結果只能使關係網破裂，曹操就是因為奉行「寧可是我負天下人，不能天下人負我」的座右銘才讓本來想和他一起闖天下的陳宮離他而去，自私的行為對關係網來說只有破壞作用。

第二，要講誠信。

誠信是一個人的立身之本，是與人交往的最基本原則，失去了信用也就等於失去了一切，沒有什麼比失信更可怕的了，一個不講信用的人怎麼能夠得到他人的信任呢？誠信就好像是一列直達車，是心靈溝通的最佳路徑。

第三，不要看不起任何人。

不要看不起任何人，因為每個人都有他存在的價值，或許那個人是你不屑的人，但是以後也許他會對你有所幫助。所以不要小看任何人，一定要給自己留有餘地。每個人都希望自己被尊重、被肯定，不然的話，你不尊重他人，同樣也得不到他人的尊重。

第四，要善於傾聽而不是訴苦。

善於建立良好人際關係的人都有一個特點，那就是懂得傾聽，能夠認真的聽別人說話。認真聽別人訴說這不僅是對人的一種尊重，而且也能夠激發別人說話的欲望，在認真聽別人訴說的過程當中你就可以加深對對方的了解，而且別人也願意向你訴說，這其實就表示你是值得信任的，這些都是對你的褒獎，何樂而不為呢？可是如果我們總是喜歡訴苦的話，那麼就會讓人對你敬而遠之，因為不良情緒會傳染，沒有人想讓自己不快樂。

你的胸懷有大，你的人脈就有多廣

在這個世界上，每個人都需要生活與工作，也都需要接觸社會與家庭。在居家過日子及繁瑣的工作當中，難免會發生矛盾，出現這樣或者是那樣的失誤與差錯。這個時候，如果你不讓我，我不讓你，是非常容易引發家庭矛盾或者是同事、朋友之間的爭鬥的。不能原諒自己或者他人所出現的失誤與差錯，那麼就會給自己和他人的心理增加壓力，甚至影響今後的正常生活與工作。

有一天，商湯遇到了一位捕鳥人，只見他在地上張開四面大網，口中念念有詞的說：「不論是天上飛的，還是地上跑的，趕快都到我的網裡來吧。」

商湯走了過去，對捕鳥人說：「你這麼做可不行啊。四面張網，豈不是要把鳥捕盡殺絕嗎？」捕鳥人說：「你是大人，你怎麼說就怎麼辦吧。」

商湯說：「把網撤去三面，留下一面就行了。並且口中要這麼說，能向天上飛的就飛吧，能從地上跑的就跑吧，不能夠飛也不能跑的就到網裡來吧。」

結果這件事情傳開之後，人們知道商湯是一個心地慈善的人，都開始衷心擁護他，直到後來幫助他推翻了夏王朝，建立起商朝政權。

世界上每個人都是「自私」的，這是人的本性，誰也無法逃脫，但「仁者」的自私，則經常抱有一顆感恩的心，能夠透過幫助別人來獲得自己想要的，這樣的「自私」其實算是一種正道。

自私的人，是沒有任何包容心的，他們為了自己的利益，總是不停的損傷別人、坑害別人，到了最後往往被損傷的不是別人，反而是自己。

彌勒佛旁有一副對聯寫道：「大肚能容，容天容地，與己何所不容；開口便笑，笑古笑今，凡事付之一笑。」

其實，將心比心，對待別人的缺點和錯誤，我們沒有理由不採取寬容的態度。

當我們想解開纏繞在一起的絲線時，是不能用力去拉的，因為你越用力去拉，纏繞在一起的絲線必定會纏繞得越緊。

其實，人與人的交往也一樣，很多人只知道「得理不饒人」、「火上澆油」，卻不知道「得饒人處且饒人」、「順風扯篷、見好就收」的道理，結果關係是越纏繞越糾結，常鬧到不可收拾的地步。

《呻吟語》當中有這樣一句話：「目不容一塵，齒不容一芥，非我固有也。如何靈臺內許多荊榛卻自容得。」

這段話其實說出了一定的道理，任何事物都並不是一成不變的，並不是目不能容塵，齒不能容芥，這些並不是人天生就有的本性。

大家經常說「眼睛不揉半粒沙子」，其實眼睛裡面進沙總是難免的事，不小心塵沙混入眼睛這也是常事。

這些話無非是想告訴大家，在有的時候，我們不能輕易的下結論，某事行或者不行，某人好或者不好。這些都要求我們能夠善於把握，巧妙處理各種關係，待人接物、辦事處世須得多方考慮才行。

每個人的智慧、經驗、價值觀、生活背景都是不同的，所以與人相處，爭鬥難免，不管是利益上的爭鬥，還是是非的爭鬥，這種爭鬥，在競爭激烈的市場經濟條件下是特別明顯的。

很多人一陷身於爭鬥的漩渦當中，就不由自主的焦躁起來，一方面為了面子，一方面為了利益，所以一得了「理」便不饒人，一定要逼得對方鳴金收兵，或者是豎白旗投降才甘休。然而，「得理不饒人」雖然讓你吹響了勝利的號角，但是這也成為了下次爭鬥的前奏。

所以，適當的放對方一條生路，讓他有個臺階下，為他留點面子和立足之地吧！

一份真誠的態度，感染人的心靈

真誠真的是一把萬能的鑰匙，它能夠開啟邁向他人心靈世界的大門。只要我們能夠真誠的對待他人，那麼必然會得到意想不到的收穫。

曾經有一家雜誌社的王社長，她非常想請一位頗有名氣的作家為她的雜誌寫專欄。

於是她就開車前往作家的家裡對他說：「我想在雜誌上為您做一個專欄，希望能夠得到您的支持。」可是這位作家當時實在是太忙了，每天不僅要上課，而且還有不少演講，時間已經被排得滿滿的了，不管王社長怎樣婉言相求，可是這位作家就是百般推辭，不肯答應。

作家說道：「您看，我現在簡直忙得快要瘋了，我現在正在準備資料，三個小時之後還要趕飛機去演講。」看到作家如此堅決，王社長只好告辭。

大約過了三個小時的時候，作家推開自家大門正準備叫計程車趕赴機場的時候，卻發現王社長的汽車並沒有離開，這個時候，王社長真誠的對作家說：「先生，實在對不起，影響了您的行程時間。但是我知道先生的文筆很好，錯過了這次機會我就再也找不到像您這樣學識豐富、閱歷深厚的人了，希望我們能夠合作愉快。」

王社長說完話後，就親自打開車門，笑著對作家說：「先生，時間不早了，我開車送您去機場吧！」

沒過多長時間，作家的作品就如期的刊登在王社長創辦的雜誌上了。

其實在這個故事當中，王社長正是透過真誠的邀請，並且還細心的留意到了作家要趕飛機這一細節，從而征服了作家的心，達到了自己的目的。

可見，真誠是贏得人心的根本，吹牛撒謊、虛偽狡詐的人，最終必然會走向眾人的對立面，成為形影相弔的孤家寡人；只有打開自己真誠的胸懷，才能在社交當中贏得人心，為自己的事業開拓嶄新的未來。

真誠待人也是贏得人心、產生吸引力的必要前提。對待你的朋友心眼要實一點、心誠一點，這樣你必然能夠得到與更多人合作的機會，從而提高成功機率。

想要得到知心的朋友，首先應該敞開自己的心懷，要講真話、講實話，不要遮遮掩掩、吞吞吐吐，一定要透過自己的坦率來換得朋友的真誠和友愛。

這正如一首詩中寫道：「行經萬里身猶健，歷盡千艱膽未寒。可有塵瑕須拂拭，敞開心扉給人看。」

有一位著名的翻譯家說：「我一生做事，總是第一坦白，第二坦白，第三還是坦白。繞圈子，躲躲閃閃，反易叫人疑心，你耍手段，倒不如光明正大，實話實說。只要態度誠懇、謙卑、恭敬，無論任何人都不會對你心存偏見。」

由此可見，真誠其實就是栽培友誼花朵的營養素，更是美化社交環境的天然素。知無不言、言無不盡，以自己的開闊、大度、實在、真誠的言行舉止來打開對方心靈的大門，並且能夠在此基礎上並肩攜手，合作共事。

可見，懷有「真心誠意」的本質，去「真心誠意」的做事，不造作、不虛偽、不欺騙，這樣對方才能夠真誠的接受你、認同你，只有這樣你才能獲得與別人合作的機會，換句話說，等於是最大限度的拓展了你的成功之路。

彰顯個人魅力，從而征服別人

詩人拜倫塑造了風流浪漫的唐璜，詩人自己也可以說是人間的唐璜。但是，相比自己筆下的主人公則多了一種不幸，他是一個瘸子。儘管他終生殘疾，但是卻引來了三成淑女美婦的青睞，甚至為他而神魂顛倒。

拜倫曾經不無自負的說：「自特洛伊戰爭之後，還沒有一個男人像我這樣被搶奪過。」他簡直成為了男性中的「海倫」。

那麼是什麼勾魂攝魄的魅力，能夠讓眾多女子毫不介意他生理上的缺陷，而對他傾心著迷呢？詩人的氣質風度，脫俗不凡的個性，這些無疑都閃耀出了魅力的光彩，而且更有一樣不可忽略的特質，那就是他的才華橫溢。

當時的英倫三島和歐洲大陸並不缺少風流倜儻的美男子，但是在眾多痴迷拜倫的女子眼裡，他們與瘸子拜倫相比則黯然失色。拜倫如果是毫無才華的平庸之輩，不管他如何風流，恐怕也絕對不會有那種吸引異性的神奇魔力。

有些人在年輕的時候憑著英俊或者率真，還有幾分可愛之處，但是隨著韶華流逝，除了增加的老態、暮氣、平庸和懦弱之處，已別無他有，這樣的男子必然是不會有什麼魅力的。

特別是在今天這個飛速發展的知識經濟時代，它要求年輕人都應該是具有高素養的複合型人才。為此，你的品德涵養、文學素養、良好的心理承受能力等，這些都成為了幫助你成功的必要保障。

古人說：「涉淺水者見蝦子，其頗深者察魚鱉，其尤深者觀蛟龍。」只有深入，才能多得。只有胸懷丘壑，才能造化在手。

這幾句話看起來好像是很深奧的，其實內容是非常簡單的。它無非是說，眼光遠大的人，胸懷大志的人，敢於探索、勇於追求的人，才有希望、才有機會看到不同凡響的景物。只有站得高，才能看得遠，才能做出不一般的成績，達到一個全新的境界。

因為，成功的人往往都是興趣非常廣泛的人。他們的創新精神，來自於他們的博學多才，包括其知識結構的多元化，這樣會讓你的觀點新穎獨特。

只有當你站在山頂的時候，才能夠看到山外有山的好風景。只有當你堅持學習的時候，才能夠感受到苦中有甜。日日行，不怕千里遠；時時學，不怕書萬卷。好學而不知疲倦者，將必成大才。

在現實生活當中，一個不想學習、沒有文化知識的人，就等於是一個活著的盲人，一個如行屍走肉般的愚蠢之人。

說到底，我們的生活就是由多方面的內容組合而成的一門科學，僅僅會讀書、會演奏鋼琴、有一技之長，這些其實是遠遠不夠的。你必須懂得生活，善於眼看、耳聽、腦記，爭做一個有心人，能夠隨時處理生活當中發生的問題，掌握一些生活當中的常識和基本技能，這樣才能夠真正駕馭生活。

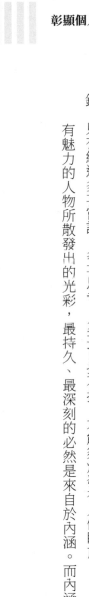

而許多淺薄的人則恰恰忘記了：真實的魅力，最深刻的感人力量，往往都是來自於千錘百鍊，只有經過多次嘗試，多次思考，多次百折不撓，才能夠煥發在人們眼前。

有魅力的人物所散發出的光彩，最持久、最深刻的必然是來自於內涵。而內涵則包括了一個人的見識、修養、能力等許多方面。真實的內涵，是需要透過時間進行陶冶的，更需要豐富的學識和智慧的感悟。

見識狹窄的人，就好像是井底之蛙一樣，不論他自己如何自吹自擂，別人見了還是會覺得可笑。而見識寬廣的人，即使是一言不發，也自然會有令人折服的力量。

真正見識過世界的「青蛙」，一定會收斂起自大與浮誇，自然而然的顯出深沉的氣質，那就是真實的內涵，更是一種實在的吸引力。

如果你是無能之輩，就別想攀上高枝

每個人的強項都不是與生俱來的，都是在不斷的學習過程中讓自己變得不斷強大起來的。在這個問題的探討上，睿智的頭腦就顯得非常重要了。有些人不善於向強者學習，不善於讓自己的頭腦變得聰明起來，總是自以為是，反而會讓自己在關鍵的時刻變得愚鈍。

「以人為師」這是每一個強者的座右銘，意思就是說：學習別人，發掘自我。這個過程其實就是尋找自己強項的最好方法。所以，真正的強者應該是謙和謹慎的，而不是傲慢無比的。

西奧多．羅斯福在白宮的時候承認，如果他的判斷有百分之七十五是對的，行事便可以達到最高的期望。

像西奧多．羅斯福這樣的大人物都承認自己判斷力的正確率最高也只有百分之七十五，那麼我們又當如何呢？

蘇格拉底曾經一再向他的門徒說：「我唯一知道的，就是我不知道什麼。」

一般人是不可能比蘇格拉底更聰明的，所以從現在開始，我們不要再指出人們有什麼樣的錯誤，更不要將自己的觀點強加在別人身上，因為你不能夠保證你的觀點是完全正確的。如果你認為有些人所說的話不對，就算你確信他說錯了，你最好還是應該這樣講：「我有另一個想法，不知對不對。如果我說的不對，希望你們能夠為我糾正。就讓我們一起來探討一下這個問題。」

「我可能不對，讓我們一起來看看這件事。」這樣的話確實是非常奇妙的。無論是天上還是地下，絕對不可能有人反對你的說法。

哈洛．雷恩克是拿破崙．希爾的一位學員，他也是道奇汽車在蒙大拿州的代理商。他曾經就透過這樣的方式來處理顧客糾紛。

他在報告當中指出：由於汽車市場面臨的競爭壓力，在處理顧客投訴案件的時候，你不要表現出一種冷漠無情的表情，因為這樣很容易引起憤怒，甚至不能夠將生意做成，或者是產生很多的不快。

他對班上的其他學員說道：「後來我弄清楚了，這樣確實是無濟於事的，後來便改變了做事的辦法。我轉而向顧客這麼說：『我們公司犯了不少錯誤，為此我深表遺憾。請把你碰到的情形告訴我。』這樣的方法顯然消除了顧客的敵意。當顧客的情緒一放鬆，在處理事情的過程當中你與顧客就更加容易講道理了。許多顧客對我的諒解態度表示感謝，其中還有兩個人帶著自己的朋友過來買車。現如今，在競爭如此激烈的市場當中，我們非常需要這樣的顧客。我相信，只要你對待顧客周到有禮，尊重顧客的意見，那麼你也一定能夠贏得競爭的本錢。」

善於聽取別人的意見，並且找到改正自己錯誤的方法，這對於一個人來說是極其有益的。一個盲目自大的人，或者說不去傾聽別人意見的人，大部分都是缺乏向別人學習的態度。

其實，我們每個人很多時候都應該放低自己的姿態，虛心的去向別人學習，這樣一來我們得到的不僅僅是知識、經驗，而且更為重要的是能夠得到別人的尊重，只有這樣，我們才能夠更好、更快的走向成功。

得理不饒人，談何人情長存

俗話說：「行不可至極處，至極則無路可續行；言不可稱絕對，稱絕則無理可續言。」這句話的意思是說，任何事情都應該留有餘地，留有餘地才有足夠的迴旋空間，否則，只能自取其辱。

在我們的生活中，很多人都不給別人一點機會和退路，其實換個角度想一想，與人方便就是與自己方便，給別人留有餘地其實也是在為自己留後路。

東漢明德皇后馬氏，是東漢明帝唯一的一位皇后。她是東漢開國功臣伏波將軍馬援的小女兒。馬援為人正直，為官清廉，從來都不會去討好皇親國戚，正因為如此也得罪了不少人，在馬援最後一次出征五溪的時候，因為感染瘴氣死於軍中，光武帝派梁松代領軍隊，梁松藉機陷害馬援，說他擄奪民間珍寶。光武帝最後聽信了讒言，追繳馬援的新息侯印綬，而且還不許他入葬祖墳，用一張草席就給埋了，馬家的地位也從此一落千丈。

在馬援死後，他的兒子沒過多長時間也憂鬱而死，馬夫人因此遭受到了不小的打擊，過度悲傷而一病不起。家中的重擔也就落在了這個年僅十歲的小女孩，也就是未來的馬皇后的身上。無論是家庭內部的事情，還是與外界的關係，她都能處理的井井有條，就好像是一個大人一樣，讓人為之驚歎。

可是，由於馬援生前得罪的人太多，在他死後，很多人都伺機報復，而為了改變馬家的境況，馬援的侄子馬嚴上書光武帝，請求讓馬援的女兒入宮做王妃，可能是因為光武帝念著馬援的舊情，於是便選了馬援的小女兒入太子宮。

馬皇后十三歲的時候選入太子劉莊的宮中。她入宮之後悉心侍奉陰皇后，待人又和藹可親，與宮中上下都相處得十分融洽，所以也深得陰皇后的喜愛。太子劉莊對她更是寵愛異常。

劉莊即位之後，封她為貴人。她與皇上十分恩愛，但是因為不能夠生育要想成為皇后確實有點困難，何況當時還有一位陰貴人，也就是明帝的表妹，皇太后的親侄女。

但是出乎許多人預料的是，皇太后陰麗華下旨說馬妃「德冠後宮，宜立為后。」於是，馬妃得以成為正宮皇后，而養子劉炟也成為了皇太子。

養子劉炟雖然不是馬皇后親生的，但是卻勝過親生，母子情感很深厚。成為皇后之後，她並沒有伺機報復那些讒害她父親的人，反而顯得更加謙卑。因為不能生育又擔心明帝子嗣不多，於是就另選了年輕美麗的侍女給明帝侍寢。她不但沒有絲毫的嫉妒，反而對侍寢女子噓寒問暖，照顧有加。

而且馬皇后知書達禮，她懂《周易》，好讀《春秋》、《楚辭》，特別喜歡《周禮》和董仲舒的著作。經常以正統的儒家思想規範自己的行為，並且還影響漢明帝和其他妃嬪。她生活節儉，衣著樸素，裙邊也不加裝飾，但是卻顯得十分優雅，令後宮對其十分敬重。她經常幫明帝處理政務，但是又不會因此而干預朝政，最為可貴的是她反對自己的親屬，因為自己的地位得到特殊的提拔和封賜。

這樣一來，明帝對她越加敬重，始終恩愛不減，朝中大臣對她也敬佩有加。所以，她的皇后位置十分穩固。

這其實就好像《菜根譚》所說：「滋味濃時，減三分讓人食，路徑窄處，留一步與人行。」留人寬綽，於己寬綽；與人方便於己方便。

人在得意的時候不把各種好處占全，不把所有的功名占滿，實在是很好的堅持了為自己留餘地的「天規」。這樣不但不會使自己招致損害，而且還能夠讓自己在未來的人生旅途中進退有據，上下自如。

改變別人難，改變自己易

魯藜說：「老是把自己當成珍珠，就時時有被埋沒的痛苦，把自己當作泥土吧，讓眾人把你踩成一條道路。」目標設定的太高，理想過於完美，那麼難免會讓你因「懷才不遇」而抱怨社會的不公，但是在抱怨之後你又得到了什麼呢？只會讓自己變得更加痛苦，活得更累。人在追求理想的時候也要兼顧現實，理想是完美的，但是現實卻永遠都不會有完美的一天。我們應該接受現實當中的不完美，改變自己去適應社會，而不是等著社會的改變去達到你的完美要求。

如果等著人家去適應你，就好比是守株待兔的人一樣，不僅蹉跎了美好的時光，而且最後還會是一無所獲。我們應該現實一點，不能生活在自己想像的「烏托邦」中，烏托邦式的生活雖然是完美的，但是這種生活以前沒有出現過，現在也不存在，將來更是不可能有的。

所以，與其抱怨生活當中的種種不如意，還不如把目光投向那些美好的事物上，這樣你的牢騷自然就會減少很多。抱怨就好像是一劑慢性腐蝕劑，在腐蝕自己的同時也會消磨別人的意志，因為情緒是可以相互傳染的。如果讓抱怨形成一種習慣的話，那麼生活簡直就變成了煉獄，痛苦不堪，機會也會溜走。所以，與其抱怨生活，不如先讓自己做一些改變。

對生活過於吹毛求疵，這其實是一種可笑的行為，抱怨並不能夠改變現實，把抱怨的時間和精力用來改變自己，你就會發現生活原來是那麼美好，所以，與其等著別人改變，倒不如先改變自己，或許這樣你還能夠有所作為。

朱燕的家裡十分貧困，小的時候因為這個原因還經常會受同儕的欺負，朱燕當然是非常生氣了，有時候還想和他們打一架，但是想一想和他們打架吃虧的只有自己，而且打了架衣服破了又沒錢買新的，所以他就忍了，而且還告訴自己說：「我不生氣、我也不抱怨，我要爭一口氣，我要好好上學，改變我的命運。」

朱燕在抱有這樣的心態之後，不管別人怎麼取笑他、捉弄他、欺負他，他都不和他們計較，而是不斷激發自己好好學習、發憤圖強。

有的時候，別人欺負他，會有人看不過去幫助他，當別人問他：「人家這樣對你，你怎麼不反抗啊，難道你不生氣嗎？」朱燕卻回答說：「生氣？能夠改變什麼？生氣解決不了問題，生氣還不如爭一口氣，利用這個時間去多學習點知識，這樣更有用。」

因為朱燕從來不和那些欺負自己的人計較，所以那些人也覺得沒意思，也就不再欺負他了，再加上朱燕學業成績優秀，人又踏實，從不打架鬧事，自然也就成為了老師和家長口中的好孩子。

皇天不負苦心人，朱燕靠著自己的努力考進了當地最好的高中，後來又考上了國立大學，在大學裡面他申請了助學貸款，加上平時自己打工賺取的薪資，順利完成了學業，以優秀的成績畢業了，並且還找到了一份待遇不錯的工作，改變了窮苦的命運。而那些戲弄他的同學則早早就輟了學，當臨時工，有一餐沒一餐的。

人最大的敵人就是自己，最大的勝利則是戰勝自我，一個人一生的最大發現或許就是藉著改變自己的心態開始改變自己的一生。

如果一直有那麼一條假象的鏈子束縛著你，你就會覺得自己永遠都不可能改變，那麼你就一輩子都無法改變了。

現實生活當中的一些人，總是看什麼都不順眼，總是生活在自己的抱怨聲中，好為人師，總是指望別人去改變，久而久之就會招人厭煩，人們開始遠離他。其實如果真的有那麼多自己看不順眼的事情，這也就說明需要改變的是你，而不是別人。

如果我們不挑剔生活，而是用欣賞的眼光看待一切，對待朋友和家人能夠用讚美來代替批評，久而久之你就會發現自己的心變得更寬了，生活中也自然就沒有了那麼多的煩心事了。所以，在對生活有不滿情緒的時候，不妨用改變自己來代替抱怨生活，這樣生活也才會變得更加美好。

放下架子，才能得到他人的尊敬

當我們面對陌生人，你不熟悉他，他也不熟悉你，這個時候，如果你能表現得謙讓、誠懇，那麼相信你一定會更容易得到陌生人的好感。而相反的，那些妄自尊大、高看自己，低看別人的人則必然會引火焚身，最終把自己孤立到一個無援的困境裡。

在我們的周圍經常出現這樣的人：他雖然思路敏捷，口若懸河，但是一張嘴就惹人厭煩，所以別人也很難對他的言談有積極的反應，更不用說接受他的觀點和建議了。這種人多數都是自我表現欲太強，做事張揚甚至跋扈，總是希望別人知道自己有很強的能力，處處想顯示自己比別人優越。實際上，這種做法所得到的結果往往是與他預期的方向相反的，到最後也就失去了自己在別人心目中的好感。

自古以來，凡是成功的人都懂得放低姿態。周文王棄王車陪姜太公釣魚，滅商建周成為一代君王；而劉備則是三顧茅廬拜得諸葛亮為軍師，促成三國鼎立。

其實這些都是我們耳熟能詳的故事，如果沒有周文王以及劉備的低姿態，怎麼能夠求得賢人相助，取得赫赫戰績。

可見，人人都希望得到別人的認可和肯定，每個人也都在堅強而又極其敏感的維護著自尊，準備隨時為它而戰。如果在交談過程中，你過度的顯示出高人一等，那麼無形當中對方就會覺得自己的自尊和自信受到了輕視，對方的排斥心理，甚至是敵意也就會本能的產生了。

有一位哲人說：「如果你要得到仇人，就要表現得比你的朋友優越；如果你要得到朋友，就要讓你的朋友表現得比你優越。」這是我們在與人相處的時候，必須遵守的真理。

我們可以試想一下，當你讓你的朋友表現得比你還要優越的時候，他們就會因為被重視而有了一種近似「成為重要人物了」的感覺；但是反過來，當我們在朋友面前表現得優越感十足的時候，我們的朋友其實並不會因此而感到自卑，他們反而會因為你的無知和淺薄在心裡對你大加嘲笑。更有甚者，他們可能會心生嫉恨，為你以後的道路製造各種各樣的障礙，這些都是你的咎由自取。

正如老子所說：「良賈深藏若虛，君子盛德貌若愚」，意思是說高明的商人總是不讓他的財富顯露出來，而那些高尚的君子，卻經常在外表上顯得蠢笨。

這句就是在告誡人們，不要盡露鋒芒，要收其銳氣，不可不分場合就將自己的才能讓人一覽無遺，惹人嫉妒。在你處處張揚的過程中，你的短處也就更容易讓別人看透，自然也更容易落下把柄。

與你唱反調的人，正是對你最有用的人

當你在樹立了一個敵人的時候，你所得到的將不只是一個敵人，而你在精神上所受到的威脅將十倍、百倍大於他實際上給你的威脅。而當你用高尚的人格感動了一個敵人，讓他成為你朋友的時候，那麼你所得到的也將不只是一個朋友，你在精神上所感受到的歡樂和輕鬆也將十倍、百倍大於他實際上所給你的。

雖然說人生如戰場，但是人生畢竟還不是戰場，戰場上是你死我活的關係，而人生則是需要和平共贏的。戰爭總是勞民傷財，它為我們帶來的是傷亡、是破敗，也就是倒退，即使是戰爭最後取得了勝利，那麼也需要很長時間進行恢復，兩次世界大戰就是最好的例證。人生競爭也是一樣，爭鋒相對只能是魚死網破，兩敗俱傷。

弱肉強食雖然是鐵律，但是人類社會畢竟不是動物世界，人與人之間的合作還是非常重要的。

人能夠思考，有選擇的餘地，但是動物只能依其本性而發。但是，不管是自然界還是人類社會，爭得你死我活都是對自己和對手非常不利的，與其弄得雙方大傷元氣，還不如找找結怨的原因，人與人是不可能無緣無故的成為敵人的。你可以把超越你的對手設為一種目標，以此來激勵自己，挖掘潛能，利用那股不平之氣邁向成功。這個時候，你的對手其實就算得上是你的

貴人了。

對待對手要有寬廣的胸懷，不要在任何時候都爭鋒相對，能夠幫助別人就盡量幫，這樣你不僅是少了一個對手，而且還會多一個朋友。

微軟創始人之一的比爾蓋茲之所以能夠多年居於世界首富榜首，這其實與他善於為人處世有很大的關係。面對對手，明智的比爾蓋茲選擇的方式是：站到對手的身邊去，把對手變成自己的朋友。

眾所周知的美國「微軟」與「蘋果」兩大公司自從一九八〇年代開始就一直處於敵對狀態。比爾蓋茲和賈伯斯為了爭奪個人電腦這一新興市場的控制權而展開了激烈的競爭。到了一九九〇年代中期，微軟明顯占據了優勢，其占領的市占率約占百分之九十，而蘋果這個時候卻到了山窮水盡的地步，舉步維艱。

瀕臨倒閉的蘋果公司為了挽回局面，居然向美國聯邦法院起訴，指控微軟公司違反《反壟斷法》，要求微軟公司賠償十億美元。可是還沒有等到官司判決，蘋果公司執行長格拉塞卻向比爾蓋茲致電，希望能夠得到微軟的技術支援，讓蘋果的音樂檔能夠在微軟的網路上以及攜帶式裝置上播放。

當時很多人都認為比爾蓋茲不會同意，但是讓所有人都沒有想到的是，他卻十分支持。透過微軟的發言人，向格拉塞的體驗表示歡迎，並且希望能夠真誠的合作。

一九九七年，「微軟」向「蘋果」公司投資一點五億美元，把「蘋果」公司從倒閉的邊緣拉了回來。作為回報，微軟可以持有蘋果部分不具投票權的股份。除此之外，微軟還可向蘋果 Mac 機用戶提供 Office 辦公套件支援，時間期限為五年。投資協定還規定，蘋果將撤回對微軟的法律訴訟。

二〇〇〇年「微軟」又為「蘋果」推出 Office 2001。從此，「微軟」與「蘋果」真正實現雙贏，他們的合作夥伴關係進入到了一個新的時代。

「微軟」對蘋果的一點五億美元的資金援助，讓長期的競爭對手「蘋果」獲得了「喘息」的機會，也讓賈伯斯在調整蘋果業務方向事宜上有了更多空間。

進而在個人電腦業務之外又成功推出了其他一系列產品和服務。我們可以試想一下，如果沒有一九九七年微軟一點五億美元的「雪中送炭」之舉，或許蘋果後來的「i 系列」產品和服務——iMac、iTunes、iPod 和 iPhone 根本就不會出現。

人總是有一種想要成功的欲望和超過別人的衝動，這是值得肯定的。但是人也容易因為贏不了對手而嫉妒，見到別人比自己好而怨恨，有的人甚至是破壞別人的成績，結果往往是沒有把對手怎麼樣，反而自己卻要承受巨大的心理痛苦，自食惡果。

為自己叫好這很容易，為別人叫好是困難的，為對手叫好則更是難上加難。生活當中的大多數人只知道為自己取得的進步和成功歡呼，一旦別人取得了成就就會內心不舒服。但是，你應該明白，為對手的成績歡呼這不僅不是弱者的表現，而是一種美德的展現，你付出了讚美，這非但不會損傷你的自尊，相反還會獲得友誼與合作，這其實是一種智慧的表現，因為你在欣賞他們的同時，自己也在不斷提升和完善。

第五章

搭建人脈資源的寶典策略：結交友人講究方法

人脈資源，一「網」打盡

在西方流行著這樣一句語：「一個人能否成功，並不在於你知道什麼，而關鍵在於你認識誰。」有類似的一句俗語：「在家靠父母，出門靠朋友」。這兩句話都是說，一個人要想改變自己的命運，獲得成功，那麼首先就必須有足夠的人脈資源。人脈就是競爭力，所以，我們一定要把人脈資源一網打盡。

所謂人脈，就是指由良好的人際關係而形成的人際脈絡。我們都生活在這個地球上，相互之間看起來很遠，其實很近。現如今，在這個競爭激烈的社會，有的人做起事來，左右逢源，要風得風、要雨得雨；但是有的人卻是處處碰壁，可謂是一片茫然。

這兩種不同的人生遭遇，在基本上都是由自己的人際關係所決定的。古今中外，有很多人就是靠著人脈，以及懂得經營人脈，而改變了自己的命運。

東漢三國的皇叔劉備，他本來就是一個販賣草鞋的小商販，但是他卻非常善於經營人脈，麾下聚集了關羽、張飛、趙雲、黃忠等虎將，而且駕前有徐庶、後有諸葛亮和龐統這兩位當時最為著名的謀士輔佐，從而才得以聯吳抗曹，之後成就了三足鼎立的一番霸業。

北宋的宋江本就是一個押司，可以說是一個被人看不起的小官，甚至連自己的妻子都看不上他，但是他也確實是一個經營人脈的高手，眾多的江湖好漢，不管是三拳打死鎮關西的魯智深，還是在景陽崗上打死猛虎的武松，甚至是包括膽大包天搶了生辰綱的晁蓋等人，只要一聽說他的名字，每個人都是心悅誠服，甚至都把他當成大英雄。

人脈在有的時候所依靠的就是前輩人的累積，但是更為重要的是我們自己如何去把握人脈和經營人脈。我們需要走出自己的空間，主動去與他人建立起一個好的聯繫，獲得他人的幫助。

其實，我們每個人都有能夠成為頂尖人物的機會，在生活當中，有的人成功了，有的人卻敗下陣來。究其原因，除了是否有專業的知識、工作態度之外，很重要的一點就是是否又良好的人際關係。

如果你想成為出類拔萃的頂尖人才，就必須注意拓展和牢牢抓住自己的人際關係，經營好自己的人脈。當人脈的競爭力提高了，你才能在工作、生活當中找到機會，從而展現出自己的競爭能力，如果僅僅是靠著提升自己的專業技能而不注重經營人脈的話，那麼你的成功可能會姍姍來遲。

也許有人會說，經營人脈，是不是一定要投機取巧，趨炎附勢，從而喪失自己的人格底線作為代價？當然不是。恰恰相反，我們可以看到，很多善於經營人脈的成功人士，首先都是要把人脈資源一網打盡，而他們所依靠的就是以自身良好的大眾形象來拓展、鞏固自己的人脈圈。如果想要抓住人脈，但是卻依靠出賣朋友、玩弄人際關係獲得暫時利益，那麼歸根結柢都會難逃潰敗的下場，也許最後一敗塗地的時候他們才會明白：自己在失去金錢之前，早就失去了朋友。

失去了金錢，我們可以再賺回來，而失去了朋友和他人的幫助，那麼你可能就真的一無所有了。

人脈的重要性其實不言而喻，山沒有「脈」，就無所謂雄偉，無所謂綿延千里；葉沒有「脈」，就難以亭亭玉立，難以遮風擋雨；人沒有「脈」，就無法乘風破浪，實現人生的輝煌。

人脈，就是一張門票，讓你通往巔峰、通向成功；人脈，也是存摺，讓你積蓄實力、把握機會；人脈，更是一把鑰匙，能不能打開封閉的門窗，看見外面那片廣闊無垠的新天地，其實這一切都掌握在你自己的手裡。

名片不是紙片，是一張存摺

名片是商務人士必備的溝通交流工具。但是，你是否對收到的名片進行了有效的管理呢？你是不是遇到過這樣的情況：在參加了一次人際交際活動之後，名片可能收到了一大堆，之後你往家裡或者辦公室裡隨手一放，可是有一天，當你著急尋找一位曾經結識的朋友幫忙的時候，卻東找西翻，就是找不到他留給你的名片。

我們千萬不要小看了小小的名片，它可能成為人脈管理中重要的資源。所以，對名片的管理是非常必要的。

第一，當你和他人在不同場合交換名片的時候，務必詳細記錄與對方會面的人、事、時間、地點。交際活動結束之後，也應該回憶一下剛剛認識的重要人物，並且牢記他的姓名、企業、職務、行業等。

在第二天或者是過個兩三天，主動打個電話或者發個電子郵件，向對方表示結識的高興，或者適當的讚美對方的某個方面，或者回憶你們愉快的聚會細節，讓對方加深對你的印象和了解。

第二，對名片進行分類管理。你可以按照地域進行分類，比如按都市；也可以按行業分類；還可以按人脈資源的性質分類，比如同學、客戶、專家等。

第三，要經常養成翻看名片的習慣。工作的空餘時間，翻一下你的名片檔案，打一通問候的電話，或者是傳一則祝福的簡訊等，從而讓對方感覺到你的存在和對他的關心與尊重。

第四，定期對名片進行清理。將你手邊所有的名片與相關來源資料一定要做一個全面性的整理，依照關聯性、重要性、長期互動與使用機率、資料的完整性等因素，將它們分成三堆。第一堆是一定要長期保留的；第二堆是不太確定，可以暫時保留的；第三堆是確定不要的，特別注意的是一定要將確定不要的名片進行銷毀處理。

在保險業務當中，有一個「大數法則」，其核心是：觀察的數量越大，預期損失率結果越穩定。這就是保險當中確定費率的主要原則。

把大數法則用在人脈關係上，就是結識的人數越多，預期成為朋友的人數占所結識總人數的比例也就越穩定。所以，在概率確定的情況下，要做的工作就是結識更多的人，廣泛收集人脈資訊，從而有效運用大數法則來推斷分析，評估人脈關係的進展以及存在的問題，從而制定出相對的對策，不斷改進方法，廣結人緣。

法國億而富機油公司前總裁，每年都會定下目標，要與一千個人交換名片，並且跟其中的兩百個人保持聯絡，跟其中的五十個人成為朋友。他所遵循的就是大數法則。其實，職業和事業上的貴人就在我們身邊，關鍵是要有人脈資源經營的意識，用心尋找、用心經營。

如果你的人脈資源非常豐富，建議你進行人脈資來源資料庫的管理。你可以在網路下載一個名片管理軟體，然後輸入相關資料。

比如姓名（中英文）、工作資料（公司部門與職稱）、位址（商務地址、住家位址、其他位址）、電話與傳真及行動電話、電子信箱（公司與個人永久信箱）、網址等，甚至還可以輸入更個人化的資料，如通訊軟體、生日、暱稱、個人化稱謂、介紹人、統一編號等其他資訊。

對於如何保持個人的關係網，美國前總統柯林頓在回答《紐約時報》記者的提問時說：「每天晚上睡覺前，我會在一張卡片上列出我當天聯繫到的每一個人，注明重要細節、時間、會晤地點以及與此相關的一些資訊，然後輸入祕書為我建立的關係網資料庫中。這些年來，朋友們真的幫了我不少忙。」

我們想想，一個當總統的人都在建立「朋友檔案」，那麼更何況我們一般人呢？

在很多時候，僅僅是建立「朋友檔案」還是遠遠不夠的，還要善於利用「朋友檔案」來幫助自己。比如：把他們的生日、興趣愛好等內容都收錄進去，這樣，你就會加深對他們的了解，再與他們談業務或進行生意交往的時候，可以找出他們關心的話題，跟他們談最鍾愛的事物。當你真正去這樣做的時候，不僅會受到他們的歡迎，而且也會讓你的業務得以擴展。

了解新認識的人，並且記住他的名字

我們每個人都有名字，就連《魯賓遜漂流記》裡面的野人都有一個名字叫「星期五」。可是，你是否知道一個人最多可以記下多少個人的名字呢？

吉姆法是一個從來沒上過中學的人，但是在他四十六歲之前，就已經有四所學院授予他榮譽學位，並且他還成為了民主黨全國委員會的主席、美國郵政總局局長。而他的成功祕訣就在於他有一種記住別人名字的驚人本領。

有人曾經向他請教：「據說你可以記住一萬個人的名字？」

「不，你弄錯了」，吉姆法說。「我能夠叫出五萬個人的名字。我曾經在為一家石膏公司推銷產品的時候，學會了一套記住別人名字的方法。」

吉姆法說這是一個非常簡單的方法。他每當新認識一個人的時候，就會問清楚他的全名、家裡的人口，以及做什麼行業，住在哪裡。吉姆法會把這些都牢牢的記在腦海裡。即使在一年之後，他還可以拍拍別人的肩膀，詢問他太太和孩子的情況。這也難怪會有這麼多人去擁護他。

在羅斯福競選總統的時候，吉姆法每天都要寫好幾百封信，給遍布西部和西北部各州的熟人。之後他就坐上火車，十九天裡面行程一萬兩千里。他每到一個市鎮，就會跟他所認識的人一起吃飯喝茶，並且向他們吐露一番「肺腑之言」。然後他又繼續他的下一站。最後的結果是：他讓羅斯福獲得了眾多的選民，自然也就順利進入了白宮。

吉姆法說：「記住人家的名字，並且能夠非常輕易的叫出來，這就等於給別人一個巧妙而有效的讚美。因為我很早就發現，人們對自己的姓名看得是驚人的重要。」

五萬個！這對於我們一般人來說，簡直就是一個天文數字。也許有人要說，人家是美國郵政局的局長，並且還是羅斯福總統的拉票手，記住別人的名字對他當然是非常重要了。但是對於一個普通人來說，有必要把記住別人的名字看得如此重要嗎？

答案顯然是必要的，原因就在於名字對於個人來說具有非常重要的意義，它蘊涵著家人，甚至是長輩的美好期望，而且有些名字還帶有紀念意義。

大部分的人都是非常重視自己名字的，為了能夠給自己的孩子取一個好聽而且有意義的名字，很多家長都是請教名人、翻爛字典，甚至會去找算命先生求籤問卦，而且還有「賜子千金，不如教子一藝；教子一藝，不如賜子好名」這樣的說法。所以，在許多人的心中，名字並不僅僅只是一個沒有實際意義的符號，還具有一些特殊的含義。

正因為名字對一個人是如此的重要，所以，在我們交際的過程當中，記住別人的名字就變得更加重要。

卡內基說：「不論在任何語言之中，一個人的名字就是最甜蜜、最重要的聲音。」名字雖然只是簡單的幾個字，但它卻是通向對方心靈深處的捷徑之一。當你在一個陌生的場合，能夠輕鬆而親切的叫出對方的名字，對方一定會感到驚訝，甚至是感動。因為在對方的眼裡，你只是面熟而已，也許他已經記不起你們曾經在什麼地方見過面了，但是你居然能夠叫出他的名字，這無疑就是在告訴對方：「你的名字對我很重要，就像你的名字對你自己一樣重要。」這樣一來，你和對方的距離自然就拉近了。

記住別人的名字，可以讓你在人脈中暢通無阻。你知道對方的名字，說明你們以前曾經有過交往，你如果能夠喊出對方的名字，說明了他在你心目當中的分量，誰都願意讓別人重視自己，記住自己，而你如果能夠喊出對方的名字，其實就恰恰滿足了對方的這一心願。

俗話說：「投桃報李」，如果你總能叫出對方的名字，對方自然也會重視你的名字，並且會心懷愧疚的想：「上次是人家主動叫出了我的名字，我卻忘了人家叫什麼，我這一次一定要記清楚，下次見面不要太尷尬了。」那麼，你們的關係就會慢慢變得越來越親近。

圍繞對方喜歡的話題，大家暢所欲言

我們做任何事情都需要講究原則，「投其所好」自然也不例外。所謂「投其所好」並不意味著讓你沒有原則的去拍別人的馬屁，而是要在講究原則的前提下能夠適當的去讚美對方，從而來加深你們之間的關係。

明朝四大才子之首的唐伯虎，他不僅善於賦詩作畫，而且也非常喜歡對對聯。有一天，有一位官商請唐伯虎為自己寫一副對聯。

唐伯虎知道這位官員並沒有什麼文化，只是一個見錢眼開的人，於是唐伯虎提筆為他寫了一幅「生意如春風，財源似流水」的對聯。

可是沒有想到商人看完之後，臉色一下子就不高興了，因為商人覺得「春風」、「流水」這樣的詞語根本就沒有把發財的意思表現出來，所以就要求唐伯虎重新寫一幅，而且還特別強調一定要能夠表現出財源廣進的意思，哪怕對聯的意境稍微欠缺一點也沒有關係。

於是，唐伯虎略微思考了一下，重新寫道：「門前生意，好似夏夜蚊蟲，輸進輸出；櫃裡銅錢，好像冬天蝨子，越捉越多。」商人看完這個對聯後，臉上終於露出了笑容。

在這個故事中，第一幅對聯分明寫的不錯，但商人就是不喜歡，就是因為唐伯虎面對的不是自己的朋友，而是一名商人，所以儘管在第二幅對聯當中含有了譏諷商人的意思，但是只要做到讓商人滿意，也算達到了目的，這其實就是「投其所好」的效果。

還有句俗話叫「話不投機半句多」，要想和別人談話聊得投機，是需要採用一些方法的，而這不是隨便聊上兩句就能夠獲得的。我們對待不同的人應該有不同的談話方式，但是不管什麼採用方式，也要講究一個共同的原則，那就是談論對方感興趣的話題，因為只有這樣，兩個人聊起來才能夠找到共同點。

在一個星期六的晚上，小明到姨媽家去玩，碰巧遇見姨媽家來了客人。後來那位客人在和姨媽寒暄完之後，沒有什麼事情可做，就把注意力轉移到了小明的身上，當時的小明手中正在玩一個小帆船的玩具，而且還是一副全神貫注的樣子。

於是這位客人就走到了小明的身邊，對小明說：「叔叔在自己小的時候也非常喜歡帆船，只不過我小時候玩的帆船和你現在玩的這個不太一樣。」之後這位客人就一直和小明聊很多與帆船有關的話題。

自然小明越聽越好奇，於是也就開始不斷的問客人許多關於帆船的問題，直到這位客人要離開姨媽家裡，小明才依依不捨的把他送到了門口，並且還希望他明天還來。

等到客人離開之後，小明問姨媽：「這位叔叔是帆船專家嗎？」姨媽聽完之後淡淡說道：「他不是帆船專家，而是一名醫生。」

小明聽完姨媽的話感到非常詫異，於是問道：「那他怎麼跟我講了這麼多與帆船有關的事情呢？」姨媽的一句簡單回答讓小明永遠都無法忘記，「因為你喜歡帆船，所以他就會和你說一些你感興趣的事情，這樣你才會更加喜歡他啊。」

其實這位客人的做法就是「投其所好」的表現，因為我們每一個人都喜歡和別人談論自己感興趣的事情。

當然在有的時候，和你打交道的人，你可能不是特別的了解，那麼你就一定要注意觀察，透過他的語言、行動，甚至是其他的生活習慣來尋找他的興趣所在，從而能夠找到一個突破口，打破你們之間談話的尷尬局面，也讓你能夠投其所好，對症下藥，從而直抵其心底，達到你想要的效果。

沒有人理的人，未必對你沒有用

美國的一所著名大學的教授在講課的時候，曾經風趣的對學生們說道：「要與成績優秀者處理好關係，因為將來他可能成為你的同事，但是更要處理好與成績不怎樣的同學之間的關係，因為將來他可能會為你投資。」

教授之所以說出這番話，是根據一項社會調查的報告，這份調查報告表明，這些在大學期間成績一般的同學，在畢業之後，往往對他的母校進行捐款，而且是不遺餘力。

但是成績優秀的同學對於捐款則是心有餘而力不足。其實，把教授說話的意思是說：不要瞧不起任何人，今天在你身邊很不起眼的人，在將來可能就會決定你的命運，這也就是我們所說的「未來人脈」。

在孟嘗君的手下有門客三千人，在這當中有不少人只是混飯吃，並沒有什麼真正的才幹。而孟嘗君卻深信亂世之時，必定會有用人的機會，而使用人才的前提就是儲備人才。

有一次，孟嘗君出使秦國，被秦國扣留了。為了能夠逃生，孟嘗君決定去賄賂某位權貴，但是不料此人不要金錢、玉帛，非要孟嘗君的白貂皮大衣，可是這件衣服已經作為禮物送給了秦王的一位妃子。

正當孟嘗君一籌莫展的時候，他的一位門客自告奮勇的請求去偷回那件衣服。深夜時，這位門客裝扮成一隻狗，混進了王宮裡，偷回了那件衣服，孟嘗君等人最終得以釋放。

之後，他們連夜逃走，到了函谷關口，但看到關門緊閉。原來當時秦國有規定：必須等到雞鳴之後，關門才可以打開。而恰好眾門客當中有一人善學雞叫，他的叫聲又帶動了許多雞的鳴叫。就這樣，關門被打開了，孟嘗君等人出關後不久，秦國的追兵就趕到了關口。

從以上的事例我們可以看出：孟嘗君能夠脫險，完全是依靠了兩位貼心的朋友。正是這兩位平時看似不起眼的人，在最後關鍵的時刻成為了孟嘗君的得力助手。

還有一個故事：有一天秦穆公出遊，當他看見士兵逮捕了十五個士人，在他問清了原因之後，就命士兵把人放了。

到了後來，秦穆公在與韓、燕兩軍交戰的時候，眼看就要支持不住了，突然敵人的後面亂了起來，原來那十五個士人為報他當初的釋放之恩，率眾相助，從後面打亂了敵人的陣腳，秦穆公最後竟然反敗為勝。

由此可見，我們千萬不要看不起身邊那些不起眼的人。善待他們等於為自己種下一顆友善的種子，而這顆種子在關鍵時刻自然就會發揮出巨大的作用。

在我們身邊，更多的是一些不起眼的普通人，但是我們千萬不要瞧不起他們。三十年河東，三十年河西，怎麼能夠斷定他們在不久的將來就不會成為強有力的人物呢？我們一定要保持一顆與人為善的心，並且懂得善待他人。

俗話講：「我敬人一尺，人報我一丈。」你只有對別人好，別人也才會成為你的朋友，並且報答你的行為。而一旦你的朋友飛黃騰達，那麼你的運氣也就來了。從某種意義上說，朋友的成功其實也就意味著你的成功。

貢獻一份人脈，收穫兩份資源

小麗的父母非常有錢，所以在她周圍的一幫小玩伴當中，她的玩具數量總是最多的，然而，在她跟朋友們一塊玩樂的時候，她並不是很開心。

有一個人好奇的問她：「你有那麼多的玩具，為什麼還會經常覺得不開心呢？」小麗說：「正是因為我的玩具最多，所以常常都是別人來搶我的玩具，而他們卻並沒有什麼玩具給我玩。」「那在這群朋友中有幾個你覺得是你真正的朋友呢？」小麗說：「只有一個，他叫小雲。」「為什麼你跟她的關係最好呢？」「因為只有她不搶我的玩具，每次她都是跟我交換。」

當你看完這個故事之後，請先回答一個問題，你最願意跟什麼樣的人成為朋友呢？

其實，從幼兒園開始，每個人都有一套自己選擇朋友的原則。我們可能會希望跟那些比我們多一些權利、多一些金錢、比我們優秀的人交往，通俗的講就叫「攀龍附鳳」。

那麼我們攀的什麼龍，附的又是什麼鳳呢？說白了，就是那些資源多的人，因為他們有比我們多得更多的資源，所以我們才會有結交之心。

究其本質，我們交往的目的雖然不同，但是本質卻是一樣的，也就是我們都願意跟一個比自己資源多，或者至少和自己一樣多資源的人進行交往。這樣一來，我們之間就有機會進行等價交換了。

而那些資源多的人心中到底是怎麼想的呢？現在就讓我們再一次回到上面的小故事，一個玩具多的小孩子會把一個玩具數量跟他差不多，並且經常跟他交換玩具的小孩當做真正的朋友。

其實我們大人也是這樣，資源多的人，更願意跟那些資源與他同樣多的人做朋友，而那些資源比他少的，並且常常依附於他的人總是會讓他心裡不痛快。就像這個幼兒園小孩子說的那樣「他們常來搶我的玩具」，有誰喜歡自己經常被「搶」呢？

可能人們都偏愛於一種交換，就像玩具一樣，你可以玩我的，我可以玩你的，這樣大家才能夠玩得非常開心。但是如果我的玩具多，你的玩具少，你經常玩我的玩具，而你僅有的那幾件玩具我早就玩膩了，那麼我肯定心裡不會高興。

可是，事情常常是這樣的，並不是所有的人都能夠擁有很多的玩具，也並不是所有的人都擁有很多資源。

現實的情況是只有少數人是資源多的人，而多數人都是資源一般的人，那麼這樣一來，進行公平交換就顯得過於理想化，可能很多人根本沒有能力跟那些資源多的人公平交換。因此，那些資源多的人對跟他相處的人態度就會發生很大的變化，如果跟他交往的人與他有同等的資源，那麼他肯定會滿心歡喜；而如果與他相處的人資源過於一般，那麼他就會很不高興。

但是我們很多人都不願意承認，所謂的友誼，從某種意義上來說，其實就是一種「交換關係」。如果我們的資源不夠多，不夠好，自己充其量也就等於是「索取方」，完全成為了對方的負擔。

如果你想與那些資源多的人交往，並且希望能夠與他們之間的友誼持久，那麼就請先豐富你的資源，當你擁有的資源與他們大致同等的時候，他們這個時候就會非常願意跟你打交道，而且還會樂此不疲。

事實上，資源多的人更喜歡與另外一個資源數量或者是品質對等的人進行交換。因為，只有在這樣的情況下，公平交易才有可能產生。

請你牢牢記住這一點，別妄想一個資源多的人會無償的為你服務，只有當你的資源與之相當的時候，他才會把你當真正的朋友。

練就一身打圓場的本領，為他人解圍

如果在現實生活當中，你是這樣一個人：善於為你周圍的人解圍、打圓場，那麼，你可能就更容易獲得別人更多的賞識和信任，從而提升自己的人緣魅力。我們在生活當中總是會遇到很多類似的情況，比如：自己的上司正處在尷尬的局面，自己的朋友和別人爭吵不休，等等，每當這個時候，你就需要出來為他們解圍、打圓場，從而不至於讓他們陷於尷尬之境，使事情出現進一步的轉機。

一般人在通常情況下，都希望上司能夠幫助自己解圍，其實，對於主管和下屬來說，工作上的支援是相互的，處於工作矛盾焦點當中的上司，同樣也希望自己的下屬能夠在關鍵的時候為自己解圍。

作為上司，在下屬面前一般都是非常愛面子的，特別是在一些異性下屬面前。在公共場合遭遇尷尬，這是一件非常令人沮喪的事情。而這個時候，作為下屬的你就應該勇敢站出來，幫上司打個圓場，緩和一下尷尬氣氛，這樣上司自然會對你這樣的下屬心存感激。

反之，如果在上司遭遇到尷尬的時候，你不能夠幫助上司解圍，只是想著讓自己早點擺脫關係，那麼你在這個上司手下工作的時間也就不會太長了。

有一家電器公司因為產生售後問題導致了很多人的投訴，很多記者聞訊趕到這家公司進行採訪。

記者們在公司門口遇到了經理祕書，於是便向她詢問情況。可是經理的祕書害怕自己承擔責任，於是就對記者說：「我們經理正在辦公室，我覺得這個問題，你們還是直接採訪他比較好！」

之後，記者們像洶湧的浪潮一般闖入了經理辦公室，經理這個時候躲也躲不開了，沒有辦法，只好硬著頭皮一個人應付記者們的狂轟濫炸。

事後，這位經理得知祕書不僅沒有提前向自己彙報情況，反而還將責任全部推到了自己的身上，讓人非常生氣，於是沒多久就將這位女祕書解雇了。

這件事情應該引起我們的深思，記者因為售後問題的採訪，這對於公司所有員工及主管來說本來就不是什麼好事情。而這個時候，主管最需要的就是下屬能夠挺身而出，甘當馬前卒，替自己演好一場「雙簧」的大戲。

而且對於下屬來說，這個時候不僅要面對記者講明問題的原因，而且還需要極力維護主管的面子和威信，千萬不要把責任推到主管身上。

其實，當你把事情做好之後，主管心中自然是有數的，即使不會有明顯的表示，那麼也會在適當的時候給下屬一定的「好處」。

可是，如果下屬害怕擔責任，就會把主管弄得非常尷尬，主管怎麼可能不生氣呢？

當你的朋友或者身邊的人與別人聊天發生爭執的時候，夾在中間的滋味顯然是很尷尬的。作為爭論的局外人，我們更應該善於隨機應變打圓場，讓彼此之間的矛盾得以化解。

在有的時候，爭執雙方的觀點明顯不一致的時候，就不應該毫無想法的隨意調解了。如果你能夠巧妙的將雙方的分歧點分解為事物的兩個方面，而且讓分歧在各自方面都顯得很正確，這才是一個上策。

當你在打圓場的時候，作為圓場之人一定要用理解的心情，找出尷尬的雙方陷入僵局的原因，從而想出好的圓場辦法，最終達到「你好我好大家好」的結果，「硝煙」開頭，和氣收場的目的。

提高曝光率，讓別人認識你

人類進入二十一世紀之後，科學技術迅速發展，競爭也變得越來越激烈，特別是人才上面的競爭，已經成為了電影臺詞當中所說的，「二十一世紀最需要的是什麼？人才！」

確實，人才決定著競爭的成敗，而且現在人才已經處於了相對集中的過剩時期，可以說各行各業的人才比比皆是。這對於你來說就是一個考驗，如何才能讓自己在眾多人才當中脫穎而出呢？其實最簡單的方法就是學會增加自己的曝光率，適當的推銷自己，只有這樣你才有被別人賞識的機會，讓自己的才華得以施展。

張強是一名房產經紀人，他每天的工作就是與業主、客戶打交道。剛開始的時候，張強被經理安排到了社區做展臺的宣傳，開發房源。可是很少有人上來詢問，張強在無聊的時候就會和社區的一些老人們聊天。

而就在閒談的過程中，張強發現了一個問題：原來很多老人都向他抱怨，由於子女們工作很忙，很少能夠照顧家裡，家裡的大小事情都需要由老人親自操辦。但是有些事情，特別是一些體力勞動，老人就沒有辦法自己解決了，比如說下水管道堵了，需要換瓦斯等，如果去找水電，水電有的時候無法及時趕來，而且服務態度也不好，所以老人們有的時候真是苦不堪言。

張強聽完之後就在想，自己為什麼不好好利用這個機會？幫助那些需要幫助的老人，這或許對自己的業務也能夠達到一定的幫助。

於是，張強想好之後，就在自己的名片後面寫上：「有困難找張強，竭誠為您服務，不收任何費用。」並且還把這些名片發給社區裡面的老人們，告訴他們如果家中有什麼緊急的事情可以找他。

從這之後，經常有人找張強幫忙，對於張強來說雖然有點累，但是也提高了他的知名度。

名聲很快就傳出去了，不到半年的時候，在那一片地區沒有人不知道張強的，只要有買賣房屋和租賃的人都會找張強，就這樣，張強不僅累積了大量的客戶資源，而且也結交了很多朋友，並且自己的業績也得到了不斷的提高。

看起來一張很簡單的名片，其實等於是很好的推銷了自己，在幫助別人的同時也獲得了別人的認可。

當我們在開始第一份工作之前，你可以就會被公司要求的「需要相關工作經驗」而感到苦惱，其實這個時候你只要積極的與人接近，結交一些這一行業裡面的朋友，不斷的從他們身上進行學習，那麼用不了多久時間你自然就會獲得很好的效果。

小米在大學學的是新聞系，大學畢業以後，他一心想進入一家報社工作，可是由於沒有工作經驗幾次都遭到了拒絕。但是小米並沒有灰心，透過打聽消息得知，報社的一些工作人員經常會在下班之後去一家撞球館打撞球。於是一到下班時間，小米也去那裡打撞球，並且還會找機會和他們進行攀談。

時間一長，大家覺得小米這個人不錯，自然也就成為了好朋友。每每這個時候，小米就利用這一機會向他們了解一些工作上的事情，並且還主動拿自己的一些作品去請教他們。他們發現小米非常有才華，於是就詢問他：「你在哪工作？」小米告訴他們說：「我剛剛大學畢業，由於自己沒有工作經驗，已經被很多公司拒絕了，現在希望找一家報社就職。」

聽完小米的話，其中一個人就說：「我們報社正好缺一個人，你來我們報社吧，我看你挺適合的。」小米高興的說：「真的嗎？可是我沒有工作經驗啊。」那個人說：「我覺得你挺有才華的，肯定沒問題，如果願意的話，明天就到公司來試試吧。」小米聽完了高興極了，他這段時間的努力沒有白費，最後終於找到了自己滿意的工作。

這個故事聽起來很簡單，可是在現實生活中，又有幾個人能夠真正去這麼做呢？小米只不過是利用娛樂的時間，找對機會與那些人結交為朋友，並且適時的展示自己的才華，最後找到了自己滿意的工作。

所以，我們不要忽視任何可以展示自己的管道，並且要學會尋找能夠賞識自己的「伯樂」，只有這樣，你才能在職場當中永遠立於不敗之地。

沒事閒聊天，也能聊出人脈

在打造人脈的過程中，我們大家一般都希望自己能夠擁有吸引身邊每一個人的特質，而「擁有這份特質」與「知道如何發揮其作用」這其實不是一回事。

當我們細數周圍的人際場合的活躍分子，你就會發現，在他們的身上似乎具備著同一種本領，那就是非常會聊天，也正是這門技術讓他們在人際場上能夠如魚得水、遊刃有餘。

其實，聊天的第一步就是張嘴說話，但是在和陌生人第一次見面的時候我們究竟應該說些什麼呢？

在現如今這樣一個知識爆炸的時代，其實，有很多開場話是可以照本宣科的，當然，交際專家還是建議大家在第一次見面的時候，切忌交淺言深，盡量避免去談論一些過度的私人問題。而且，還有一些老前輩交代我們一定要謹記「逢人只說三分話，未可全拋一片心」，這些道理顯然是沒有錯的，關鍵要看我們個人如何理解。

有很多人，正是因為沒有理解清楚什麼才是「重要事情」和「私人事情」，就把二者混為一談，大多數人說的總是一些無關痛癢的場面話，或者進行著一次又一次無效的會面，並且自己還樂此不疲。

回想自己第一次見面之後，記憶最為深刻的陌生人，是不是說了什麼掏心的話才讓你過目不忘？

當你在與自己剛結識的新人見面的時候，一定要準備好一些可以談的話題，這樣才能保持聊天的持續性。

你在準備話題的時候，有兩點需要特別注意：一是最好能夠找到讓對方感興趣，或者是擅長的話題，以便能夠讓對方充分參與進來，這樣你們之間的距離便會越聊越近，但是想要做到這一點，就需要自己事先做好調查的功課；二是必須要自己確實親身經歷或者深入研究落實過的話題，而且對待這件事情是非常感興趣和十分有熱情的，一定要有自己的觀點和論斷，千萬不能言之無物，切忌拿來主義。

當我們在與別人聊天的時候，大家最為反感的就是聽人紙上談兵、坐而論道，因為沒有人喜歡被別人教導和控制，這其實也是對別人不尊重的表現，而想要達到某種意願，可以把它隱含於故事之中，演繹自己的故事，從而分享自己的熱情。

而且在聊天的過程中，即使聊得生意盎然，方興未艾，也一定要把握好一個度，學會見好就收，否則會適得其反。

特別是在對方談興正濃的時候，一定要具備引導話題轉移的本領，因為有時候的聚會是眾人的聚會而不是單人的約會，千萬不能厚此薄彼，也要給予別人認識自己或者是自己認識更多人的機會，如果兩個人真的談得十分投機，那麼可以留下聯繫方式，以備下次再續前緣。

當然，如果在自己談興正濃的時候，千萬不要只顧著逞一時的口舌之快，一定要注意關注對方的眼睛聚焦度，因為那才真正代表著對方對你表述事情的關注程度，對方眼神游離的時候也就是你懸崖勒馬之時，除此之外，如果對方出現一些反常的小動作：比如看錶、轉湯匙、打哈欠、起身、翻書、玩弄滑鼠等，這些動作都意味著對方已經疲憊於聽你聊天了，你一定要把握好時機，起身告辭。

而且在談話結束的時候，作為補充，應該和需要進一步深入交往的人達成一個以後可以再一次見面的口頭協議，哪怕你並沒有什麼正經的事由。

這裡最為重要的一點，就是一定不要忘記請對方留下常用聯繫方式，否則先前所有的工作都將會成為空氣！

不可小視讚美之詞，衝擊力無人可擋

很多人總是對那些「逢人便誇獎兩句」的人存在偏見，認為這種人就是「馬屁精」，好像這種人的人格就是那麼的低下，自己又是多麼不齒於和他們相提並論一樣。其實這是對人際社交的一種誤解。因為愛聽順耳的讚美話是人的天性使然，所以，讚美不僅不是拍馬屁，反而是人與人之間一道維繫感情的橋梁。

很多人有的時候會因為覺得「戴高帽」非常難為情，而拒絕讚美別人。其實，只要你仔細觀察就不難發現，周圍的人或多或少都在說著讚美別人的話，只不過方式不同罷了。難道這些人都是在「戴高帽」嗎?特別是對於人際關係日益複雜的今天來說，多說讚美話絕對不是「戴高帽」，而是增進人與人之間關係的一種方法。

從前，有一個老秀才教出的學生中了狀元，要去京城當官，臨行之前，學生來拜別老師。

老秀才對學生說：「仕途艱險，我沒有什麼好送給你的，我就送給你十頂高帽子吧。到了京城把它們送給官最大的十個人，那麼你的前途也就不用煩惱了。」

學生一邊作揖感謝恩師，一邊說道：「老師說的有道理，現在人際關係如此複雜，像老師您這樣清廉的人實在是不多了。」老秀才聽了笑著搖頭。

走出門之後，學生自言自語的說：「十頂高帽子，沒出門我就已經送出去一頂了。」

可見，恭維的話誰都愛聽，人總是喜歡別人的讚美。有的時候，即使分明知道對方講的是讚美話，但是心中還是會沾沾自喜。

換句話說，一個人受到了別人的誇讚，絕對不會覺得厭惡，除非對方說的太過離譜。在正常情況下，一個人聽到別人的讚美話，心中肯定是高興的，臉上也會堆滿笑容，雖然也許在他們的口中總是會說：「哪裡，我沒那麼好」，「你真是很會講話！」等，可是在他們心中是無論如何都抹不去那份喜悅的。

所以，說讚美話是每個人必備的交際技巧，讚美話說的得體，更能為自己人脈網路的建設達到重要作用。

法國總統戴高樂在一九六〇年訪問美國的時候，尼克森為他舉行了一場宴會。會上，尼克森夫人花費了很大的心思布置了一個鮮花展臺，在一張馬蹄形的桌子中央，用鮮豔奪目的熱帶鮮花襯托了一個精緻的噴泉。

戴高樂將軍一眼就看出這一定是主人為歡迎他而精心準備的，不禁讚不絕口：「女主人真是用心，這麼漂亮、雅緻的計畫與布置一定花費了很多時間和精力吧！」尼克森的夫人聽完之後，喜悅之情溢於言表。

也許在別人看來，尼克森夫人布置的鮮花展臺不過是她作為一位總統夫人的分內之事，並沒有什麼值得讚美的；但是戴高樂將軍卻能夠領悟到她的苦心，並且因此向總統夫人表示了特別的肯定與感謝，這自然也會讓尼克森感到非常高興。

在這裡，戴高樂的恭維之所以能夠成功，就是因為他知道，對於稱讚尼克森夫人這樣出色的女性，與其稱讚她最大的優點，不如去發現她最不顯眼，甚至是連她自己都沒有發現的優點。那些小小的優點，正是因為從來沒有人發現，或者是很少有人發現，才顯得彌足珍貴。而你的發現與稱讚就為對方增添了一份對自己的認識，也增加了一次重新評估自己價值的機會。這樣一來，她怎麼能夠不洋洋得意呢？

讚美一個人，就是要對其值得被人稱讚或者渴望被人發現的優點進行肯定和表揚，這樣的行為，才會讓對方感到自我價值得到確認，榮譽感得到滿足，也就會對你產生「自己人效應」。心理學家證實：心理上的親和，是別人接受你意見的開始，更是別人轉變態度的開始。

第六章

人脈資源離不開精心的維護：有投資才能夠獲得回報

維護他人利益，獲得永久支持

在經商當中有一個非常重要的原則，那就是風險和收益均應該由利益相關方進行分擔。將風險最大限度的放在自己或者是別人的身上，或者是將收益盡量由自己或者別人分享，這些其實都是違背商業規律的行為，也注定會受到嚴厲的懲罰。

在很多人的思維當中，做生意好像就是為了自己利益的最大化。這種人們早已經習以為常的觀念，其實只說出了其中的一半內容，而另一半則是應該尊重別人的利益，不要損人利己。

我們大家可以想像一下，如果你做事情什麼風險都不想承擔，只想著收益，也許這在主觀上並沒有什麼不妥，但是在客觀上卻等於是在坑害別人。

而當別人意識到自己的利益因為這些原因受到損失的時候，他要麼態度消極，要麼伺機報復，要麼斷絕往來。不管對方採用何種方式，都勢必會影響到你的利益，最終你的小算盤不但沒有打成，反而讓自己距離真正的利益最大化越來越遠。

有一位老闆，他開了一家工廠，在創業初期，實力較小，資金短缺。而為了有效降低成本，規避經營過程當中的風險，他怪招頻出，其中非常有意思的一招就是招聘來一批業務員，對他們天天「洗腦」，之後就到市場上去拚殺。

而這位經理則只給這些業務員抽成，不承擔任何前期的費用，這些業務員外出開發市場，吃喝拉撒，可以說全部的費用都是自己墊支，甚至經理連最低基本薪資都省下了。

如果業務人員的運氣較好，那麼銷售提成還能夠彌補一下各種費用；可是如果時運不濟，那麼就虧本了，而且可能跑的業務越多，虧得越多。

從老闆的角度來看，這樣一來，前期市場開發的風險可以說大大降低了，不可控的費用大為壓縮，客戶只要開發成功了，我支付你佣金；如果開發不成功，我一分錢也不用出。其實就是把市場風險更大程度上轉嫁到了業務人員的身上，自己的如意算盤也確實打得不錯。

其實，類似這樣的模式如果放在大企業，那麼也許還能夠行通。可是無奈，這位老闆的企業品牌實在是太小了，業務人員雖然非常努力，但是終究難被客戶所接受。

如此一來，業務人員的招聘所遇到的困難就不言而喻了；即使是有人想去開發市場，大多數業務員也是難以承擔前期的費用，開發的積極性和力度更是大打折扣；偶爾也會有不信邪、拚命去開發市場的業務員，可是到了最後基本上也是彈盡糧絕、負債一身。

幾年的時間下來，這位經理不但沒有反省，反而還覺得自己非常聰明，認為自己節約了很多成本。

原來他根本就沒有意識到，由於缺乏力度和深度俱佳的市場開發，他的企業已經失去了很多機會。而那些起步比他晚的很多企業，現如今已經做到了接近一億的規模。

他的項目從未進入快速發展期，一直都是奄奄一息，自己建設工廠、購置設備的投入可能也將是永遠無法收回的，與此同時還派生出了更為巨大的機會成本。

也許有人認為，在現實當中，基本都是把風險轉嫁給別人的。其實不然，一些商場當中獲得成功的人，他們往往懂得先去維護別人的利益，與別人進行合作，共贏，之後再更好的發展自己。

你不幫助人，怎麼可能人人為你

尋覓機遇、創造機遇，這些都離不開一個人的綜合素養，更離不開人脈。不善於經營人脈的人，即使是遇到了迎面走來的機遇，那麼也可能會視而不見，與機遇擦肩而過。

有一天，一個小女孩正坐在客廳裡，突然聽見了有人敲門，「咚咚咚，咚咚咚」，由於小女孩膽小，就沒有敢去開門。

過了一會，敲門的聲音再一次響了起來，小女孩壯著膽子問：「請問您是誰啊？」

這個時候門外傳來了一個男人的聲音：「孩子，開門吧，我是機遇！」

小女孩聽完之後笑了起來：「不對，你不是機遇，因為機遇是不會兩次敲響我的門的。」

是的，我們每個人都渴望好的機遇降臨，好的機遇是完全可以改變我們每個人的命運的，而且它能夠讓我們在很短的時間內發生翻天覆地的變化，也許昨天的你可能還只是一個無名小卒，但是今天卻已經是聞名遐邇；也許昨天你還坐在家中吃著鹹菜，啃著冷饅頭，但是今天卻坐在了五星級酒店的餐桌前。

但是機遇就好像是一陣春風，來無影、去無蹤，它並不是隨處可見的。正因為如此，所以它才更加值得我們好好珍惜，牢牢把握。

機遇能夠給我們帶來成功，帶來財富。我們不僅要學會抓住機遇，更要學會去善於尋覓機遇、創造機遇。

其實，人在職場當中打拚，就如同是俠客行走江湖。在《射鵰英雄傳》中的黃藥師雖獨來獨往，其實他也需要朋友的幫助。

我們不能夠隨心所欲的選擇命運，選擇境遇，但是我們卻可以依靠自己悉心經營的人脈來尋覓機遇、開發機遇、為自己創造機遇。

掌握了人脈，就等於是掌握了自己的命運，你的朋友本身可能就是一個善於發現和創造機遇的人，那麼你身邊如果有很多這樣的朋友，當你與他們在一起的時候，你就會發現：原本認為機遇就好像是一葉扁舟，在水面上划過的一道淺痕，可是現在看來，卻成為了航空母艦後面泛起的浪花。

現如今的社會，就是一個交際的社會，一個人有了人脈，就等於是擁有了開創新天地的本錢。千萬不要抱著獨自打天下的幻想，因為一個人的力量畢竟是有限的，眾人的力量才是最可觀的。

讓朋友幫助你尋找機遇、發現機遇、創造機遇，並不意味著你的能力不行；反而，這更加能夠說明你在經營人脈上做得非常出色，而經營人脈的出色，同時也說明了你的能力過於常人。

受人滴水之恩，當以湧泉相報

曾經有一位美國朋友傑穆勒說過，他非常喜歡東方的女孩子。因為他覺得，西方女性把男士們的「紳士行為」看成是「理所當然」；男士們幫女士提重物、搬東西等，這些都是「理所當然」；男士幫女士開門、拉椅子等，這些也是「理所當然」；同時在西方的教育之下，他們男士也把這些紳士行為看成是「理所當然」。

有一次他們在亞洲的公司需要搬家，他們部門從十樓搬到八樓，每個人必須把自己的東西和一桌一椅搬下去，當傑穆勒搬了那張桌子，發現真的非常重，他擔心一個女同事如何搬得動，於是就對他的女同事說，桌子交給那些有力氣的男同事去搬。

結果，一路上女同事陪他們聊天，搬完了，還忙著倒開水、泡咖啡給他們喝。

傑穆勒說：「如果在我們國家，搬重物『理所當然』這就是男生的工作，沒有人會陪你聊天，更沒有人會感激的倒開水、泡咖啡，也許在亞洲可能沒有這個觀念，但是亞洲女孩子體恤別人的作風卻顯得是如此的可愛。我們幫她們，不但樂意，而且還非常開心，這種受人尊重的感覺真好。」

在很多時候，我們總是會把別人對自己的好看成是理所當然，朋友喜歡你，當然不會介意被你「麻煩」，對於一些小事情來說，朋友也非常願意幫忙。

但是俗話說得好：「受人點滴，湧泉相報。」也就是要我們常懷感恩的心，來看待朋友的好心。誰都不喜歡自己的好心被人當做驢肝肺，一次兩次也許還可以忍受，十次、二十次，那麼就會漸漸用光朋友之間的交情，屆時我們會發現，朋友似乎不再那麼「樂意」幫助我們了。

也許有人會說，找朋友幫忙，給報酬或者是請他吃頓飯、送個東西，好像把友誼賤賣了，這就把朋友的交情看得世俗了。

其實適度的表達我們的感激之情是有必要的，也許我們不懂得比較「高尚」的做法，但是吃頓飯、送個小禮物，這也僅僅只能夠表達我們感謝的萬分之一，它的作用不在於「禮」的輕重，關鍵在於心意的表示，讓朋友明白他這個忙幫得多麼具有「價值」，多麼受到朋友的重視；也許在他而言僅僅是舉手之勞，但是卻可能是關係到朋友生死攸關的大事。

不管他是否能夠接受我們的感激之情，最重要的就是我們說出來了，他也聽到了，知道我們有多麼在乎這件事情，就像傑穆勒的女同事，一路陪他們聊天，之後還倒開水、泡咖啡，其實並沒有花什麼錢，但是卻充分表現了她們的感激之情，而傑穆勒他們也感受到了，同時還覺得非常愉快，其實朋友在乎的也不過就是這麼一點點的回饋罷了。

有一位老先生要搭公車，身上沒有悠遊卡，也沒有足夠的零錢。當一個好心人幫他脫離窘境以後，這位老先生深深的向他鞠了一個躬。

撒馬利亞教的神把鞠躬稱為是「優雅難忘的『謝謝』……」

為什麼「謝謝」如此重要呢？就是因為，如果當你要一個人接受你的建議時，你必須先感謝他們為你所做的事情。在大多數的情況下，你感謝得越多，效果就會越好。你會幫助一個從來不知道感激的人嗎？另一方面，當別人在表達他們感激的時候，你是不是更願意幫助他們呢？

我們為什麼不頻繁的使用「謝謝」呢？大多數人也許會在人們幫助他們的時候表示感謝，但是這些人卻常常不會感謝那些在做本職工作的人，因為覺得那是他們應該做的。

其實你不必吝惜「謝謝」，讓我們學會無償的感激吧。正因為人們把完成本職工作看作是應該的，所以他們才會更加珍惜你的感謝。

當我們在與人相處的時候應該牢記一件事：天底下沒有誰幫誰是理所當然的，今天人家抽空過來幫助你是人情，即使請客吃飯了，那麼你也應該心懷感激。

如果你認同這個想法，那麼不論是朋友之間、同事之間，或是上司與部屬之間，都能夠做到和諧相處，也可以為你贏得人緣。

「雪中送炭」，最能俘獲人心

曾經有一段關於才子佳人戲套路的順口溜，叫做「公子逃難，小姐養漢；狀元一點，百事消散。」話說的可能有些粗俗，但是仔細想想，卻也不無道理。

「公子落難」的時候，他已經不能夠算是「公子」了，但是「小姐」卻在公子最需要幫助的時候幫助了他。那麼「公子」對「小姐」產生感情就是再正常不過的事情了。

男女之間的感情如此，友誼更是這樣。在你春風得意、飛黃騰達的時候，不離你左右的，未必都是真正的朋友，而在你遇到挫折，甚至是落魄的時候對你不離不棄的，這些一定是你真正的朋友。不管你是運氣好，還是面臨困境，當有了幾個真心朋友的存在，你的人脈大網就不會坍塌，不過，究竟誰是真心朋友，很多時候需要透過「患難」來甄別。

國外曾經流傳著這樣一個小故事：有兩個年輕人到山中遊玩，其中一個一直跟另一個嘮叨，說兩個人是兄弟，遇到危險的時候一定要互相幫助。可是誰知道，怕什麼來什麼，在途中，一隻黑熊朝著他們撲了過來，那個說要互相幫助的人就好像是猴子一樣，「噌噌噌」幾下就爬上了樹，而把他的夥伴扔在了後面。他的夥伴根本就不會爬樹，面對黑熊，只好躺倒在地，屏住呼吸，在那裡裝死。

黑熊先是看見了樹上的人，它圍繞著樹轉了幾圈，覺得自己爬不上去，於是就轉過頭，發現了地上躺著的人，過去仔細的聞了聞，大概是不願吃死去動物的屍體吧，黑熊居然沒有張嘴咬他，而且搖搖頭走掉了。

樹上的那個人下來，也覺得自己剛才做的有點不合適，於是開著玩笑問：「老弟，你真行，剛才黑熊在你耳邊給你說什麼悄悄話呢？」

這個人一本正經的說：「我可不想再跟你開玩笑了，剛才那隻熊告訴我：『千萬別再理會你的那個夥伴，他真不是一個東西，記住，患難朋友才是真正的朋友』。」說完這句話之後，這個人就逕自走了。

「患難的朋友才是真正的朋友」，人類之所以採取社會這種群居方式，其實一個主要原因就在於個人的力量不足以和自然抗衡，只有透過集體的力量才能共度難關，戰勝災難。

在困境面前，一個人的力量顯然是過於渺小的，這個時候就需要有人來幫助他，但是人心難測，面對你的困境，人們的表現是各不相同的，有的人擔心自己受到牽連，於是就選擇了袖手旁觀；而有的人覺得事不關己，於是就選擇了匆匆路過；也有的人唯恐天下不亂，選擇了落井下石；有的人則是挺身而出，和你一起頂起一片天空。

而在這個時候，對於一個渴望幫助的人來說，哪種人會贏得他的信賴呢？自然是挺身而出的那種人了。

所以，在別人患難的時候幫上一把，就好像是給了沙漠裡面乾渴的人一杯清水，就好像是給了在黑暗當中摸索的人一縷光明。這樣的恩情，他們怎麼能夠忘記呢？

其實我們幫助別人的目的並不是為了最後能夠得到多少回報，而是在於是不是真正的幫助對方走出了困境，是不是能夠獲得一個真心的朋友。

幫助別人並不需要太多的學習和培訓，如果你真心想去幫助別人，那麼就在別人最艱難的時候伸出你溫暖的手。當你被別人感謝之後，你就會更加明白如何去幫助一個人，什麼時候去幫助一個人。

在關鍵的時候能夠拉人一把，這既是一種培養人脈的積極手段，更是做人必須要具備的一種善舉，必須要負的一份責任。

多給他人關心，多得別人扶持

如果你輕視一個人，就不會把他放在心上，對他的一切也都會漠不關心。如果你重視一個人，那麼就會關心他的感受，關心他所處的狀況。當他感受到你的輕視或者重視之後，也會報以同樣的態度。當你想改善和鞏固與某一個人的關係時，把他放在心上，這無疑是一條捷徑。

當然，有了把他人放在心上的前提，你還需要採取一些方法。

第一，讓對方感受到你的關注。你的關注其實就是你重視對方的一種表現，這會讓對方感之於心而發之於情，從而對你也產生好感。

王嘉廉是一位美籍華人，他是CA公司的創始人。在他的公司，員工的忠誠度是相當高的，令其他企業界人士非常的羨慕。他建立員工忠誠度的辦法到底是什麼呢？除了給予員工高於其他公司的待遇之外，還有一個祕訣，就是讓員工時刻感到被重視、被關注。

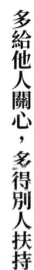

另一位華裔林女士則說：「查爾斯（王嘉廉的英文名）比我們的直屬上司還容易相處。他知道你是誰，也會關心你的生活，他能夠照顧到每一個人，這真的是很不容易。我的一些朋友在大公司做事，上層管理人員知道員工名字的非常少，而查爾斯不但知道關於你的一切，甚至還會和你輕鬆的開玩笑，這真的是一件令人開心的事情。」

有一次，王嘉廉在公司餐廳表揚總部三十多位任職滿十年的員工，並且還贈送給他們每人一支昂貴的勞力士手錶。林女士自然也是其中之一。當有人問及林女士拿到勞力士手錶有什麼感受的時候，她說：「戴勞力士和戴三塊錢的錶，對於我來說沒有什麼差別，但是在精神上卻深感滿足。你知道只要認真做事，老闆就不會虧待你。直屬上司知道你在做事，而且高層老闆也會知道。在公司內被上司認可與重視，這些要比物質上的回饋更為重要。」

讓對方感受到你的關注這並不難，只要你能夠真心的把他放在心上，不經意間就會流露出來。其實，記住對方的名字，了解他的生活與工作情況，這些都是非常重要的。

第二，給對方一個真誠的問候。人與人的關係，往往是需要透過一定的交往來維繫的。但是，由於生活、工作、學習的繁忙，你不會有那麼多的時間跟每一位朋友保持經常來往。如果時間長了不聯繫，那麼關係自然就會疏遠了。假如你重視他們的話，就應該經常抽出一點時間，給他們一個真誠的問候，這樣才不至於讓聯繫中斷，也能顯示出你一直把他們放在心上。

美國前國務卿奧爾布賴特曾當過 BON 電影公司的公關部經理。她面臨著巨大的職業挑戰，但是同時又必須面對許多現實的問題，就好像是人際關係的處理、家庭生活的和諧等，但是她總能夠巧妙的讓這些繁瑣的事情順暢起來。

比如：她的下屬總會在某一個繁忙的下午突然收到一張上面寫著諸如「你辛苦啦」、「你做得非常出色」之類的小卡片，或者是一張精緻典雅的卡片。而在她丈夫生日的那一天，她也總是會努力舉辦一個家庭小舞會，而且是一個人事先布置好，正是這樣，在繁忙工作的間隙，她才沒有花太多的時間，卻給別人送去了一份又一份的快樂。

她對這樣的做法，饒有興趣的解釋說：「大家的生活節奏都那麼快，大部分人都忘了一些最基本的問候，總是認為這些都是一些不足輕重的小細節。其實這些細小的方面才會讓人與人之間的感情變得不那麼緊張，那我就想：為什麼我不能做得更好一些呢？」

顯然，奧爾布賴特的這一番言論當中有很多值得我們借鑒的地方，人與人的關係不一定非要在大事當中才能夠展現出來，在日常生活的瑣碎事當中更能夠展現你的友善。

隨時把心中最真誠的愉悅帶給大家，這才是處理人際關係的要訣。

讓別人看到你的價值，才會有更多的人接近你

假如你是一個細心的人，那麼就不難發現，每一位成功的人士在講述自己成功經歷的時候，總是強調要樂於助人，而美國偉人的林肯總統在這方面就有著突出的表現。

林肯樂於助人，在任何場合都能夠很快的融入其中。而他在律師事務所的合夥人亨恩頓先生曾經也說過，「在林肯先生的住所住滿了人的時候，他會把自己的床讓給別人，然後他自己就到店裡面的櫃檯上睡覺，卷一卷破布當作枕頭。」當時誰遇到了困難，第一個想到能夠幫助自己的人就是林肯。而林肯的這種特質就好像是一塊磁鐵，緊緊吸引著別人的目光，更加吸引了別人的心。

在現實生活中，如果想要增加自己的人脈競爭力，在你有困難的時候，有更多的人願意來幫助你，在你榮耀的時候，有人願意為你捧場喝彩，而這些都要求你能夠懷著一顆誠懇的心與別人進行交往，而且不圖回報的去幫助別人，能夠忘掉自己，忘掉提供幫助和友愛給自己帶來的好

處。正像著名企業家吉田所說：「播種善的人也會得到善，善會循環給我們，讓善不停的循環，大家都得到善的恩惠。」

在日本的名古屋，有一家因製造咖啡使用新起司而聞名的名古屋製酪公司。這裡的社長日比孝吉先生十分樂善好施，無論什麼都是免費或者是以超低價格供給。

有一種無味大蒜的技術，這是由一個擁有此項開發技術的人開發的，並推銷到了日比孝吉先生這裡。據說日比孝吉先生在自己試過之後感覺很好，於是就買下了這項技術，之後又從法國巴斯德研究所請來研究人員對其效能進行研究。

原來這種特別方法製成的無味大蒜中含有一種叫做阿霍安的物質，它不僅能夠淨化血液，而且除了對預防癌症有效之外，還非常利於白內障、高血壓、哮喘等病的治療。

有一天，一位朋友向日比孝吉要點過年用的咖啡。日比孝吉先生則順手將無味大蒜也給了這位朋友一些。沒想到這成為了一個開端。據說到現在為止，這種無味大蒜已經派發給了日本兩萬五千餘人。

就這樣，感謝信紛紛而來：「這種無味大蒜效果驚人。」還有的人寫信說：「哪怕只付郵費呢！我們不能白白接受啊！」

而對於後者，日比孝吉先生進行了勸說：那樣的話，就可以讓人們更多地使用本公司的產品，或者是幫助宣傳一下我們的產品。

我們可以算一下，派發給兩萬五千餘人，這需要多少經費呢？每年竟然要超過二十五億日元。

但是，自從派發這種無味大蒜以後，公司的營業額則是迅暴成長，一九九四年年收入超過了七百億日元。日比孝吉先生又說，他打算把派送給無味大蒜的人數增加到十萬人，對於這個派發人數，光成本費就要達到一百億日元，但是，那個時候公司的營業額會成長到三千億日元。

雖然，我們很多人都知道提供這種服務可以吸引更多的顧客，但是能夠做到這一點的人又有幾個呢？

日比孝吉先生曾經說過：「給予就會被給予。報恩方式可以促進公司發展，我只是對此做了一下實踐而已。」

可見，能否在茫茫的人海當中發現極有潛力的「績優股」，主要還是要看你的能力和魄力，讓我們耐心的觀察身邊的一舉一動，這其實並不會耽誤你太多的時間，而且，一定要讓別人看到你的價值，這個時候人們才更願意與你接近，與你交往，給予你幫助。

讓別人欠你一點，你求他時更好辦

人生不如意之事十有八九，每當我們遇到不如意的事情時，都希望能夠有一個貴人出現在自己面前，並且能夠及時的幫助自己解決困難，可是，現實當中並不是每一個人都有這樣好運氣的。對於貴人，我們應該如何去結識呢？

有的人認為，在任何時候都是可以結識貴人的，結識貴人並不會受到場合的限制，而主要是看個人的交往能力與溝通能力。

還有的人提出貴人就是自己，善對別人，也就是善對自己。其實這需要你在平時能夠處處與人方便，盡自己的力量去幫助別人，把握好每一個幫助別人的機會，讓別人欠你一份情，這樣在你需要幫助的時候別人才會出手相救。

所以，我們在結交貴人的過程中，一定要時不時的幫別人一下。假如自己有能力，那麼更應該給予適當的幫助。特別是對於物質上的救濟，千萬不要等對方開口，應該隨時採取主動。

在有的時候，對方著急需要，可是又不願意對你明說，或者是故意表示無此急需，假如你得知了這一情形，就應該盡力幫助，而且切忌表現出得意的樣子。只有當你經常把別人放在心上，你才會得到別人的真心相待。

特別是對於幫助的人來說，這也許真的沒有什麼，僅僅是舉手之勞。但是，對於被幫助者的人而言，有的時候卻是生與死的邊緣。可能幫助的人早就忘記了，但是這種幫助，卻可以溫暖一個冷漠的心靈。

在十年前的某一天，有一位老師正利用中午的休息時間在家裡睡覺，突然間，電話鈴響了，她接過來一聽，裡面傳出一個陌生而粗暴的聲音：「你家的小孩偷書，現在被我們抓住了，你快點過來！」而且在電話筒裡面還傳來了一個小女孩的哭鬧聲，和旁邊人的呵斥聲。可是當她回頭望了一眼正在看電視的獨生女兒，心裡就立即明白了過來。

肯定是有一位小女孩，因為偷書被售貨員抓住了，但是又不願意讓家裡人知道，所以，就胡編了一個電話號碼，才碰巧打到了這裡。

對於她來說，當然可以選擇放下電話不理，甚至還可以斥責對方，因為本來這件事情就和她沒有什麼關係。但她是一名老師，說不定這個女孩就是自己的學生。

她透過電話，隱約可以想像出，這個小女孩一定是非常的害怕，對她來說，她正面臨著人生當中最可怕的境地。

猶豫了片刻之後，她的腦海裡面突然冒出了一個念頭，於是，她問清楚了書店的位址之後，就趕了過去。

正如她所預料的那樣，在書店裡面站著一位滿臉淚痕的小女孩，而旁邊的大人們，正對著女孩狠狠的大聲斥責著。她一下衝上去，把那個可憐的小女孩緊緊的摟在懷裡，轉身對旁邊的售貨員說道：「有什麼事跟我說吧，不要把孩子嚇到了。」

就這樣，在售貨員很不情願的嘀咕聲中，她繳清了罰款，於是就帶著這個小女孩走出了書店，回到了自己的家中，之後她對小女孩什麼都沒有問，就讓小女孩離開了。而在小女孩臨走的時候，她還特意叮囑道：「如果你要看書，就到阿姨這裡來，我們這裡有很多好看的書。」驚魂未定的小女孩，感激的看了她一眼，便飛一般的跑掉了。

不知不覺之間，十年的光陰，一晃而過，她早就忘記了這件事情，而她一直住在這裡，過著平靜安詳的生活。

可是有一天中午，門外響起了一陣敲門聲。當她打開房門之後居然看到了一位年輕漂亮的陌生女孩，露出滿臉的笑容，手中還捧著很多的禮物。

「你找誰？」她疑惑的問道，可是女孩子卻激動的說出一大堆話。

好不容易，她才從那個陌生女孩的敘述中，想了起來，原來她就是當年那個偷書的小女孩，十年之後，她已經順利從大學畢業了，現在是特意來看望自己的。

這個年輕女孩的眼睛裡泛著淚光，輕聲說道：「雖然我至今都不明白，您為什麼願意冒充我媽媽，解救了我，但是我總覺得，這十年時間，一直都想喊您一聲——媽媽！」

這個年輕的女孩接著說道：「我現在已經是一家外商公司的高級祕書了，您的女兒呢，我聽說她病了，而且是一種很嚴重的病，請您放心，治病的所有花費都由我來支付，還有我已經為她聯繫到了一家醫療設施非常好的醫院，並且還請來了世界著名的骨髓移植專家，相信他們一定能夠治好她的病，您千萬要答應，這些都是我應該做的。」

緊接著，女孩子又說道：「如果當年不是您的出現，也許我當時真的會去做傻事，可能是去死。」

我們應該時刻記得，幫助別人就是幫助自己，要想收穫就必須先給予。只有樂於幫助別人，先讓別人欠你一份人情，那麼你才能夠獲得別人的幫助，你的人生或事業也才會與眾不同。

關係再好也要明算帳，莫因金錢毀了關係

俗話說：「親兄弟要明算帳。」是的，哪怕你們兩個人的關係再好，在遇到利益問題的時候，

還是應該秉承這一原則，不然，你們很有可能因為一些小小的利益問題，而發生巨大的矛盾。

沈君離職之後，借錢湊款兌換了兩千美元，準備去投奔定居在美國的姨媽，想在美國打工賺點大錢。

等到了美國之後，姨媽給他租了一間地下室，並且要他自己付房租。由於語言不通，工作自然也是不好找，三個月的時間還沒有到，他手裡的錢就已經快花光了，年輕人這個時候含淚飛回國。把這件事情給原部門裡面的熟人說了，很多人都覺得他的姨媽太狠心了，對他不管不顧，可是也有人不這樣認為，他們覺得姨媽止是做到了明算帳。

一天早晨，沈君正在路邊等車，準備到市中心去，此時一前一後來了兩輛車，後面那輛車上面居然有人在車窗口喊他的名字。

他抬頭一看，原來是部門的一個同事。這個同事原來是部門的司機，離職之後，與人合夥買車跑客運。他一喊，沈君當時心裡就想，這跟過去坐的車不一樣，那個時候是公家車，公司裡的人誰都可以坐，眼下這可是人家自己的車，跑客運是為了賺錢，要是我們買票他不收錢怎麼辦呢？

就在這時，同事又喊沈君，沈君只好緊走兩步上了他的車。心裡想，買票要是不收錢，下次說什麼也不坐他的車了。結果當沈君掏錢，同事很自然的收了錢，並且還囑咐沈君，以後要到市區做事，就坐他的車。

這個時候，沈君懸在嗓子眼的一顆心終於放了下來。

還有一次，在社區巷口有好幾家賣饅頭、包子和熟食的攤子，沈君下班路過的時候，經常買些回家。

有一天，忽然發現一個老家的熟人也在這裡擺攤。那天下班之後，老婆要沈君下樓買饅頭。沈君一邊下樓一邊想，自己到底要不要去老鄉那裡買呢？

如果不到老鄉那買，老鄉看到了也許會不高興，可是如果到老鄉那買，老鄉萬一不要錢，或是要了錢多給一個饅頭呢？這樣自己心裡不就會覺得更彆扭了嗎？

沈君決定繞遠一點路，走過巷口，到別的攤子去買。可是非常不巧，別的攤子已經沒有饅頭了，他只好再回巷口老鄉那買。

這個時候，老鄉看見沈君，大哥長大哥短的叫，非常熱情，這更加讓沈君渾身不自在，生怕買饅頭老鄉不要錢。

接過饅頭，遞過錢，老鄉在大褂口袋裡掏了半天，找了錢，並且非常熱心的對沈君說：「大哥走好啊，要是想吃饅頭、包子再到我這裡來。」沈君連連點頭說好。老鄉收了錢，沈君的心裡才算是踏實了下來。

等到回家之後，沈君把事情對老婆說了，老婆說：「人家是做生意的，不要錢，生意還怎麼做？」

其實，這句話說得非常有道理。很多事情，人情是人情，利益是利益，我們萬萬不可以混在一起。應該明算帳的時候一定要把帳算清楚，只有這樣，才能在最大程度上避免彼此之間產生矛盾，也才會讓你們之間的關係更加長久和穩定。

不懂回報只知索取，早晚會被踢出關係網

有一句話說得好，「比沒有錢更難過的事就是沒有朋友。」可見朋友對於一個人來說是多麼的重要。

好朋友其實是一種稀缺資源，肯定是沒有人願意失去的。因為只要擁有了朋友，世界就會變得非常精彩；只要擁有朋友，哪怕你什麼都沒有，也可以痛痛快快的哭，也可以瀟瀟灑灑的笑。

在每一個成功人的身後，一定會有許多朋友在支持著他，所以，我們應該珍惜身邊的每一個朋友。好的朋友不求多，但是要交心。一個人的一生當中如能有幾個知心的朋友，那麼這將是一件多麼幸福的事情。

對於知己之友，古時就有俞伯牙和鍾子期的故事，千古以來一直被人們所稱頌。

俞伯牙的琴術非常高明，有一天，俞伯牙彈琴的時候，想著登高山。結果鍾子期聽到了，說：「彈得真好啊！我彷彿看見了一座巍峨的大山！」接著俞伯牙又想起了流水，鍾子期又說：「彈得真好啊！我彷彿看見了汪洋的江海！」

每次俞伯牙想到什麼，鍾子期都能夠從琴聲當中領會到俞伯牙的所想。

有一次，他們兩個人一起去泰山遊玩，途中下起了暴雨，於是他們來到了一塊大岩石下面避雨。好好的行程就這樣被大雨打斷了，俞伯牙心裡突然感到很悲傷，於是就拿出了隨身攜帶的琴

彈了起來。開始彈綿綿細雨的聲音，到了後來又是大山崩裂的聲音。每次彈的時候，鍾子期都能夠聽出琴聲中所表達的含義。俞伯牙於是就放下了琴，感歎的說：「你真的是我的知己啊！無論我心中想什麼，你都能夠聽出來。」

當鍾子期去世之後，俞伯牙更是悲痛萬分，認為知音已死，天下再不會有人像鍾子期一樣能體會他演奏的意境，所以之後就再也不彈琴了。

確實，人的一生能夠有幾個真心朋友呢？在我們身邊真的像鍾子期了解俞伯牙一樣了解我們的朋友，可謂是少之又少。有的人可能會有一個，有的可能只有一個，有的人甚至一個沒有。

可是在有的時候，我們往往會認為友情是取之不盡、用之不竭的。於是，就大肆的浪費我們的友情資源，總是認為來日方長，以後補償的機會肯定會很多。然而，不是所有的友情都願意等著你去補償的，也不是所有的友情都願意留給你補償的機會。

你對朋友的索取，朋友對你的付出，這應該是成正比的，而不是你無條件的享受朋友帶給你的任何給予，這樣做的後果就是你們的友情將被你透支掉。

也許你聽說過信用卡會透支，你可能沒有想到友情也會透支。朋友之間，再好的關係，也是要講情分的。

友情是一種很微妙的東西，是需要我們用心來經營的。就好像是我們在銀行開帳戶，你如果僅僅是存入很少的錢，但是卻不斷的提取，那麼到最後帳戶就會全部歸零，朋友就不可能再為你提供幫助了。

無事不登三寶殿，有事真的不好辦

人情投資最忌諱的就是當你需要別人的時候才去求人家，這樣肯定是得不到好的效果。如果你想多占一些人情上的便宜，那麼就必須在平時多去冷廟裡面燒燒香。

很多人一直以來都覺得冷廟裡面的菩薩肯定是不如香火旺盛的寺廟當中的菩薩靈，也許說的沒錯，正是由於菩薩不靈，才成為了冷廟。可是我們換個思維想想，殊不知「瘦死的駱駝比馬大」，只要他能夠給你一點點的幫助或者是指點，那麼就有可能改變你的困難處境，甚至是你的命運。

有的人在平時對待自己的身邊人總是一副態度隨便的態度，當有了事情需要別人幫助的時候才想起別人，又是送禮，又是送錢的，表現得非常熱情。但是這種「平時不燒香，臨時抱佛腳」的方式肯定是得不到好的效果的。

特別是在工作當中，如果你升遷了，或者是當了主管，一定不能忘記自己的老上級，特別是曾經對你有過幫助的人。

有的人認為在職場上的上級是很重要的，總是會想盡各種辦法去討好他們，沒事就會往主管家裡跑；可是對於那些已經退休的老上級，卻不聞不問，等到見面的時候態度也很冷淡，其實這是一種非常不明智的做法。因為這些已經退居二線的主管對於現任的主管來說依舊是老前輩，所以更應該在他們身上多下功夫，經常拜訪。

曾經有一個剛剛進入一家藥品企業的小夥子，有一次去一家醫院拜訪一位主任，但是當他走進醫院路上的時候，就被一個熟悉的醫生拉住，說道：「你還是不要去拜訪他了，你還不知道吧，他已經不是主任了，下臺了。」

原來事情是這樣的，由於這位主任是位傑出醫學專家，但是由於自身脾氣暴躁，所以有一次在和院長討論問題的時候，兩個人產生了分歧，結果這位主任就把院長給罵了一頓，所以他今天有這樣的下場，早在人們的預料之中了。

可是這位小夥子心想自己已經來了，而且他不願意和別人一樣做落井下石的事情，他覺得拜訪新上任的主任什麼時候都可以，而這位已經下臺的主任如果現在不去拜訪的話，可能以後就沒有機會了。於是他問清楚了新主任和這位下臺主任的辦公室之後，猶豫了一下還是決定先去拜訪前主任。

當時前主任正在屋中生著悶氣，而這位小夥子的到來讓他感到非常驚訝。可是他卻並不喜歡理會小夥子，還告訴他說：「我現在已經不是主任了，以後你就不用來找我了，再有事情的話去找那位新主任吧。」而這個時候小夥子把禮品拿出來笑著說道：「新主任我以後肯定會去拜訪的，可是這並不妨礙我來拜訪您啊，您是我們公司的老朋友了，我這次就是代表公司來拜訪老朋友的。」

前主任聽完小夥子的話後，感到很驚訝，語氣也緩和了一些。於是給小夥子寫下了新主任的房間號碼和名字，讓他以後再有事情去找新主任吧。小夥子識相的告辭了，說道：「那您先忙吧，等過段時間我再來拜訪您。」而前主任說道：「你還來拜訪我什麼啊，我已經不當主任了，沒什麼可拜訪的了。」可是小夥子卻說道：「不當主任了，您還是醫學專家啊，您還需要做研究啊。」

小夥子的話雖然有些魯莽，但是對前主任來說聽著卻挺舒服。

而最後誰也沒有想到，這位主任離任兩個月後竟然又官復原職了，而小夥子的業績我們也可想而知了。

其實你想想，冷廟平時是很少有人去燒香的，而你如果能夠虔誠的去燒香，那麼菩薩當然會注意到你。即使到了最後，由於各方面的原因冷廟變成了熱廟，但是菩薩還是會對你另眼相待的。

有空常聯繫，情誼自然濃

拓展人脈需要我們不斷去認識新人，但是僅僅這樣做顯然是遠遠不夠的。我們千萬不能夠為了結交新朋友，而忘記去維護與老朋友之間的關係，這樣就等於是撿了一個西瓜，又丟了一個西瓜，最後手裡的西瓜還是沒有增加。

有一首歌唱得好：「結識新朋友，不忘老朋友。」那麼，我們怎樣做才能不忘老朋友呢？

其實，不忘老朋友的唯一方法就是經常與其聯繫，多去問候他們。我們知道，人與人之間的感情都是慢慢培養起來的，如果長時間不聯繫，感情自然而然就會慢慢的變淡。所以，無論你的工作多麼繁忙，一定要抽出時間給他們打個電話，傳個郵件或簡訊，哪怕是送去一個非常普通的問候，這些都可以讓你們之間的關係保持恆溫，甚至還會給他們帶來驚喜，因為這等於證明你一直以來都非常重視他們的存在。而這也是最好的感情投資，當某一天，你需要朋友幫助的時候，他們作為你的朋友，也一定會鼎力相助的。

早在劉備還在讀私塾的時候，他就經常幫助同學。到了後來，大家分開了，很多同學都疏於聯繫，但是劉備卻非常注重與同學之間的聯繫。

當時有一個叫石全的同學，是劉備讀書時候最為要好的朋友。石全讀完書之後就回家服侍自己的老母親，以盡孝道，整天靠著砍柴賣字畫為生。但是劉備卻並沒有嫌棄石全清貧，經常邀請他到自己家做客，共同探討當時的天下形勢。這樣的聚會每次都是非常的融洽，劉備與石全的關係自然是變得越來越密切，簡直是情同手足。

到了後來，劉備為了實現自己心中的宏偉目標，於是就帶領了一支隊伍參加了東漢末年的大混戰。可是，在剛開始的時候，劉備的軍事實力非常弱小，在一次交戰過程中，所帶的軍隊幾乎被全部殲滅，只有他一人逃脫，幸好被石全隱藏起來，才有幸逃過一劫。

我們試想，如果劉備讀完私塾之後就不再和石全聯繫，得到石全幫助的可能性也許不會很大。所以，我們一定要多和朋友保持聯繫，特別是那些能夠對你的事業有所幫助的朋友，更應該與其保持密切的聯繫。

比如你可以記住對他們而言比較重要的日子，例如生日等。你現在還等什麼呢？立即就拿起你的手機連絡，或者是傳一則簡訊，或者是滑動你手中的滑鼠，到朋友的 FB 或 IG 瀏覽，輕輕敲打你手中的鍵盤，送出你的祝福，送去你的牽掛！如果有時間的話，甚至你還可以邀請你的朋友一起出去野餐、聊天、或者喝杯茶，這樣的方式都能夠讓你們的友誼之樹長青。

當然，除此之外，我們也不應該忽視那些突然落魄的朋友，一個人不可能永遠落魄，也不會一直輝煌，總是在起起伏伏的狀態。古人用「三十年河東，三十年河西」來形容一個人地位的變遷，而現如今這樣一個快速發展的年代，何止是三十年，有的時候可能僅僅一兩年的時間，就已經是今非昔比了。

老王曾經擔任一家公司的副總，每到年底，禮物、賀卡就會像雪片一樣飛來。可是當他退休之後，所收的禮物也就是　兩樣，賀年卡更是一張也沒有，以往家中訪客總是往來不絕，而今年卻是寥寥無幾。

結果正在他心情寂寞的時候，以前的一位下屬卻帶著禮物來看他。在他任職期間，老王當時並沒有特別重視這位職員，可是最後看他的竟是這個人，瞬間他被感動得熱淚盈眶。

過了兩三年之後，老王被原來的公司聘為顧問，很自然就重用提拔了這位職員。

的確，你現在可能是因為工作繁忙，已經有很長時間沒有問候自己的朋友了，其實這真的是一個不太好的現象！因為經常不聯繫，不問候，關係自然就疏遠了。

所以，在緊張的工作狀態下，你也千萬不要忘記經常向你的朋友表達自己的問候和正面情感，這是處理人際關係的關鍵。

了解他人的喜好，送禮送到心坎裡

送禮要送到心坎裡，說白了就是送禮一定要送對，能夠在堅持原則的前提下投其所好。在日常生活當中，很多事情如果不送禮是辦不成的，所以送禮也就成為了溝通當中的一個重要環節。

如果想要有一個良好的溝通，那麼就應該有所行動，而送禮可以說是行動的最好表現形式。同樣是一件事情，送了禮的人很可能就非常容易把事情辦成；而沒有送禮的人可能到頭來也沒有什麼效果。可見，送禮確實是不容忽視的。

有的人認為，禮物越貴就越好，這種觀點顯然是錯誤的，我們不能夠用價值的高低來衡量禮物的好壞，好的禮物不一定就價值不菲，所以我們在送禮的時候一定要多動腦筋，盡量選擇一些既經濟，又能夠非常好的表達你心意的禮物。

其實，最好的禮物要根據你打算送的對象的興趣愛好來進行選擇，這其實是一種富有人情味，耐人尋味的禮物，所以我們在選擇禮物的時候一定要全方位進行考慮，最好能夠別出心裁，不落俗套。

當然，禮物的選擇還有一個要求就是別人在接受禮物的時候能夠覺得合情合理，有一種實在無法拒絕的感覺。一些擅長送禮的人，他們在選擇禮物的時候總是會進行細心的琢磨。

有一次，英國女王伊莉莎白在訪問日本的時候，有一個行程是去訪問日本的 NHK 廣播電臺。當時接待伊莉莎白女王的是 NHK 電臺的常務董事野村中夫。

了解他人的喜好，送禮送到心坎裡

在這之前，野村中夫得知自己要代表公司接待伊莉莎白女王的事情，就趕緊收集了一些有關女王的資料，並且還進行了研究，目的就是為了在第一次與女王見面的時候能夠引起伊莉莎白女王的注意，從而讓女王留下深刻的印象。

野村中夫想了半天，絞盡腦汁也沒有想到什麼好的點子。可是就在突然之間，他從資料中發現女王的愛犬是一隻長毛狗，於是就來了靈感。

野村中夫跑到服裝店裡面特別製作了一條繡有伊莉莎白女王愛犬的領帶。在迎接伊莉莎白女王的那天，野村中夫打上了這條領帶。果然，伊莉莎白女王一眼就注意到了他，並且微笑著走過來與野村中夫握手。

可以說野村中夫送出的是一件無形的禮物，因為這條領帶並沒有給伊莉莎白女王，而是戴在了自己的脖子上，但是這件禮物卻是不同尋常的，因為伊莉莎白女王深深感受到了野村中夫的用心，感受到了野村中夫的誠意，這就是所謂的「禮輕情意重」。

現在人們送禮的對象大多數都是主管，可是有的時候自己送的禮物太輕了，難以表達自己的感情；但是禮物太重的話，則又有可能給主管帶來受賄的嫌疑，所以在給主管送禮的時候一定要注意禮物輕重的問題，最好是能夠花小錢辦大事。

張豔工作已經有兩年時間了，上司對她很好，總是幫助她。張豔一直也想找機會報答一下自己的上司，可是卻總是找不到合適的機會。

有一天，她偶然發現上司的紅木畫框中鑲嵌的字畫和他家中的整體風格不太搭配。正好張豔的哥哥是小有名氣的一位書法家，於是就請自己的哥哥寫了一幅字，並且把這幅字主動放在了上司的畫框裡。

當上司看見之後不僅沒有責怪張豔，反而非常喜歡。這樣張豔的目的終於達到了，而她也把禮物送到了上司的心坎裡。

其實，我們向主管送禮，不僅能夠加強自己與主管之間的感情，而且更有利用工作的發展。

「禮」輕情意重，小「禮」顯真情

常言說得好：「有理走遍天下，無禮寸步難行。」藉由此話，可見禮的作用是多麼的重要。換句話說，送禮是非常有講究的，朋友之間也是不能夠怠慢的。

第一，禮品不要過於貴重。

禮輕情意重，其實就是為了加深感情而送的禮品，不在禮品價值，主要是在於這份情誼。如果是赴私人家宴，可以適當的為女主人帶一些小禮品，如花束、水果、土特產等。主人家有小孩的，可送玩具、糖果。應邀參加婚禮，除了藝術裝飾品之外，還可贈送花束及實用物品，新年、耶誕節的時候，一般可送日曆、糖果、茶、酒、菸等。

第二，注意送禮的態度和說話的口氣。

送禮的時候要注意送禮的態度和說話的口氣。習慣上，送禮的時候，人們總是會過度謙虛的說：「一點薄禮，不成敬意。」，太過於謙虛顯得也不太好。但如果在贈送的時候，以一種近乎驕傲的口吻說：「這是很貴重的東西。」當然也是不合適的。動作和語言的表達也一定要平和友善、落落大方，而且動作要有禮貌性的語言表達，這樣才會讓接受禮物的一方樂於接受。那種像做賊似的悄悄的將禮品置於桌下或者是房間某個角落的做法，不僅達不到饋贈的目的，甚至還會適得其反。

第三，找一個合適的理由。

如果害怕自己送禮被拒絕，那麼就不妨找一個冠冕堂皇的理由：如果你送的是酒一類的東西，那麼不妨假藉說是別人送你的兩瓶酒，來和對方對飲共酌，這樣喝一瓶送一瓶，禮送了，關係也近了；如果你送的是土特產品，可以說這是自己家產的，不是特意買的，帶一些給對方嘗嘗鮮，自己並沒有花錢，這樣對方更願意收下；有的時候你想送禮給人，但是對方卻又與你素無交往，你不妨可以選擇送禮者的生日，或者婚姻紀念日，邀上幾位熟人大家一起去送禮祝賀，那樣受禮者便更加不好拒收了；你如果送的是非常實用的物品，不妨直接說，這東西在家放著也是放著，讓他拿去先用，日後買了再還；你還可以在送禮的時候對受禮者說是以出廠價、批發價、優惠價買下的，並且象徵性的向受禮者收一些費用，收到的效果與送禮的效果其實是差不多的，受禮者因為自己繳了錢，收東西的時候也就會心安理得，毫無顧慮。

第四，送上朋友的摯愛和需要。

細心而又聰明的人在送禮的時候，會送上朋友的特殊喜好，以及他生活當中所需要的東西。這種送禮方式是最討巧的，比如：你第一次去朋友家拜訪，可能你會注意到主人有一些特別的收藏愛好，比如集郵、集幣或者是收集其他一些有紀念意義的東西，如果主人的孩子很喜歡北美的音樂或者是體育，那麼，當你下次再來拜訪這家人的時候，就一定要記住帶一些這樣的東西來。而且還應該給他的家人帶上一些合適的禮物，如送老人靠墊、孩子玩具等。

第五，把握送禮的時機、場合與方式。

首先，送禮的時間因送禮的類別而不同。帶紀念性的日子或者是傳統節日，一般不宜太早，太早容易讓人誤會你要等著回禮；也不宜太遲或過後補送，這樣就會失去意義。而對於報答和酬謝送禮，則應該是越及時越好。

其次，送禮要注意場合。不宜在公開場合給關係親密的人送禮，以避免給大眾留下你們關係密切完全是靠物質的東西來支撐的感覺。

只有禮輕情義重的特殊禮物，表達特殊情感的禮物，才適合在大庭廣眾面前贈送。因為這個時候大眾已經成為了你們真摯情感的見證人。

第六，送禮的方式也是非常關鍵的。

禮物一般應該當面贈送。禮賀節日、贈送年禮，可派人送上門或郵寄。有的時候參加婚禮，也可事先送去。

放長線釣大魚，耐心的發展人脈

唐代京城當中有一位竇公，聰明伶俐，極善理財，但是他卻財力棉薄，難以施展賺錢的本領。沒有辦法，他只能先從小處賺起。

他曾經在京城當中四處逛蕩，尋找賺錢的門路。有一天，當他來到郊外的時候，卻發現青山綠水，風景極美，有一座大宅院，房屋嚴整。

竇公一打聽，原來這裡是一位宦官的外宅。他來到宅院後花園的牆外，只見一水塘，塘水清澈，直通小河，有水進，也有水出，但是由於無人管理，就顯得有點凌亂骯髒。竇公心想：生財路來了。水塘主人不正是覺得那是塊不中用的閒地嗎？那麼我就可以用低價錢買下來。

竇公買下水塘，緊接著又借了些錢，請人把水塘砌成了石岸，並且疏通了進出的水道，種上蓮藕，放養上金魚，圍上籬笆，而且還種上了玫瑰。

到了第二年的春天，那位權要宦官休假在家，逛後花園的時候聞到花香，到後花園一看，直饞得他流口水。竇公這時候知道魚兒上鉤了，於是就立即將此地奉送給他。

這樣一來，兩個人也成為了朋友。有一天，竇公裝作無意的談起想到江南走走，宦官忙說：「我給你寫上幾封信，讓地方官吏對你多加照應。」

竇公帶了這幾封信，往來於幾個州縣之間，賤買貴賣，而且又有官府撐腰，不幾年的時間便賺了大錢，之後又回到了京師。

這一次，竇公又看到了皇宮東南處一大片低窪地。那裡因為地勢低窪，地價並不貴。竇公買到手之後，雇人從鄰近高地取土填平，然後在上面建造館驛，專門用於接待外國商人，並極力模仿不同國度的不同房舍形式和招待方式。

所以一經建成，便是顧客盈門，連那些遣唐使們也非常樂意來此。與此同時，又辟出一條街建妓館、賭場，甚至是雜耍場，把這條街建成了「長安第一遊樂街」，日夜遊人爆滿。沒過幾年，竇公賺的錢數也數不清，最後成為了首富。

竇公為了釣到宦官而不惜血本作釣餌，並且還有極好的耐性，魚兒上了鉤竟然是渾不知覺。他的這種技巧其實就是「放長線，釣大魚」。

善於放長線、釣大魚的人，當看到大魚上鉤之後，總是不急著收線揚竿，而是等著魚累了再拉上岸。

而且他會按捺下心頭的喜悅，不慌不忙的收幾下線，慢慢的把魚拉近岸邊；一旦大魚掙扎，於是便又放鬆釣線，讓游魚流竄幾下，之後再慢慢收線。如此一收一放，就會導致大魚精疲力竭，無力掙扎，才將牠拉近岸邊，用提網撈上岸。

人際社交其實也是這樣，如果追得太緊，別人反而會一口回絕你的請求，往往只有耐心等待，才會有主動的喜訊來臨。

友誼之花，須經年累月培養；做人做事，更不能急功近利。這其實也揭示出一個道理：求人交友一定要有長遠的眼光，盡量少做臨時抱佛腳的買賣，特別需要注意有目標的長期感情投資。同時，放長線釣大魚，也必須要有慧眼識英雄的本領，才不至於將心血枉費在那些中看不中用的庸才身上。

第七章

謹慎交友，看好人脈的門檻：與什麼人交往很重要

與人交往，看其道德與品行

人與人交往，有很多品德需要我們去遵守，而誠實守信就是最為關鍵的一個，更是待人接物方面一項非常重要的行為準則，千百年來一直被視為是做人的美德。

誠實守信，其實就是言行與內心思想保持一致性，不偽裝，不虛浮，說話做事講究實事求是，講究信用。

而誠實，也就是為人誠實，待人誠懇，對事業忠誠。誠實與守信兩者有著密切的聯繫，誠實是守信的思想基礎，而守信又是誠實的外在表現。

只有內心誠實，做事才能夠講究信用。誠實守信一直以來都是優秀品格的標誌，更是我們每個人做人的基本準則。

在現如今，想要結交到真心朋友，誠實守信則是你不得不考察對方的一個方面。

也正是因為誠實守信是人與人之間建立正常關係的基礎，也是作為個體的人能否作為一種積極的力量融入社會、取得他人信任的基礎，所以誠實的人總是能夠受到別人的稱讚，而那些虛偽的人則容易受到別人的譴責。

我們每個人都願意同誠實的人交朋友，而不願意與虛偽的人做夥伴，願意同誠實的朋友推心置腹，不願意同虛偽的人深入交談。

為人誠實，才能夠做到內心坦然。而除了說謊成性的人之外，人在說謊的時候都會表現出緊張和心虛，只有在說實話的時候才感到平靜和坦然。

懂得誠實才能夠贏得信任。贏得他人的信任這是一個人的人格價值的重要展現，也是一種重要的生活價值。虛偽的人是不會得到信任的，而只有誠實的人才能得到人們信任。

所以，當我們在結交朋友的時候，首先自己要做到誠實，這樣才能夠去感染別人。其實，誠實首先就是要從學會對自己誠實開始，對自己誠實就在於不自欺，對自己實事求是。傾聽自己內心的聲音，不說違心話，不做違心事。

當然，誠實也並不代表放棄自己的隱私權。我們每個人都有自己的內心小祕密。誠實不意味著要說出全部真話，公布自己的全部祕密。有的時候，朋友與我們交談，對於他的隱私保密，這並不代表他不誠實。

其實在朋友之間，誠實不僅在於意見一致時候的無所不談，更在於意見不一致的時候，能夠坦誠交換意見。

真正的好朋友應該在意識到夥伴做了錯事的時候，誠實的說「不」。並且能夠與朋友一起來改正這個錯誤，甚至不管朋友是否承認這個錯誤，作為好朋友，都有義務和責任，幫助朋友一起改正。

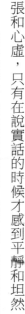

朋友也有力所不及，不要要求太苛刻

當朋友盡力幫助你辦成了一件事，如果你連一句謝謝都不說的話，那麼朋友的心情可想而知。

即便是由於某種原因沒有幫助你辦成你所拜託的事情，也應該真誠的致謝。否則，你再有求於別人，即使是力所能及的事情，恐怕朋友也不願意幫忙了。

高保全在畢業之後一直在都市工作，有一年春節準備回老家過年的時候，由於當時自己臨時有工作任務，自己抽不出時間去訂火車票。於是，他就拜託自己的好友朱立國替他去買火車票，當時朱立國也很講義氣，馬上跑到火車站，排了半天的隊，結果火車票還是賣完了。

高保全知道朱立國沒有買到火車票之後，不僅連一句感謝的話都沒說，反而臉色還非常難看，認為朱立國沒有盡心盡力為自己辦這件事，把自己的行程耽誤了。

再到後來，高保全再有什麼事情有求於朱立國的時候，朱立國總是尋找藉口推脫，而他們之間的關係也逐漸疏遠了。

在我們求人幫忙的時候，可能有很多人都存在這樣的心態，對方幫助自己做事，如果事情辦成了，那麼理所當然是要感謝對方的。可是如果事情沒有辦成，那麼就認為可以不去感謝對方，甚至還會去埋怨對方。

殊不知，對方即使沒有幫助你把這件事情辦好，可能其中存在某些客觀原因，但是朋友已經盡了他自己的最大努力了。而你的謝謝對於朋友的付出來說則是一種肯定，因為這樣一來，既能夠維持原來的友誼，也能夠為下一次的交往打下基礎。

曾經有這樣一位小學老師，他一直在山區工作，可是由於山區的氣候潮溼，結果得了風溼性關節炎，非常痛苦，於是他想申請調離。

這位小學老師就把這件事情向教育局的一位朋友說了，其實這位朋友在當時並沒有什麼實權，雖然是費了不少的力氣，但是一直都沒有把這件事情辦成。

這位小學老師也並沒有因此而怪罪他，反而還總是想辦法為朋友帶去一些山裡的土特產對他表示謝意。

有一次他去教育局做事，這位小學老師還特地請這位朋友吃了一頓飯，真誠的說：「這件事情給你添了不少麻煩，謝謝你。」當時這位朋友也被他的舉動給感動了，一直都沒有放棄幫他的忙。到了後來，這個朋友當選成為了教育局的副局長，最後很快就把他調離了山區。

我們試想，如果當初這個小學老師是一個勢利眼的話，如朋友沒有把事情辦成就不去感激他，那麼他的調動肯定早就泡湯了。

由此可見，我們在交友做事情的過程中，不要太過苛求，你的朋友也不是法力無邊的神仙，怎麼可能保證你所求之事就一定能夠達成呢？更何況事情雖然沒有達成，但是對方也為此付出了巨大的辛苦和勞動。假如你連一句謝謝都不說的話，就等於由此終止了你們之間的關係，從此以後，相信朋友再也不會幫助你了。

大人物裡也有小人，時刻提高警惕

「自殺」在我們很多人眼裡是一件非常可怕的事情。但是你也許會覺得，僅僅是交一個朋友而已，怎麼會有自殺那麼嚴重，其實不然，從古至今，因為交友不慎而被朋友所害的事情，可謂是數不勝數。

孫臏從小非常喜歡軍事，而且善於謀略，深得鬼谷子先生的喜愛，很快就成為了同學之中的佼佼者。

在孫臏的同學當中有一個人叫龐涓，他生性好強，學習非常努力，學業成績也不錯，但是與孫臏相比，還是有所差距，而且怎麼努力也不行，這讓龐涓非常不高興。

而且特別惱人的是，論起計謀來，孫臏總是要比龐涓勝一籌，讓龐涓一直處於下風。對此，龐涓非常生氣，但是表面上卻沒有流露出來，反倒對孫臏非常好，因為在他的心中想弄明白孫臏為什麼能夠學習那麼好。

結業之後，龐涓來到了魏國，見到了魏王，魏王非常欣賞龐涓，任命他為將軍，龐涓上任之後，分析形勢，謀劃方略，對魏國和天下的軍事進行了一番籌劃，他覺得胸有成竹了，只要用兵，他就有勝算。

但是，在龐涓心中還是有一點非常不放心，如果對手是孫臏怎麼辦呢？自己建功立業可能就會受阻。龐涓只要一想起來這件事情就心情煩躁，可是卻又不知如何是好。

有一天，他得到一個手下的提醒，想到了對付孫臏的方法。他找了幾個心腹，四處打探孫臏。結果很快就打聽到了孫臏在四處遊歷。於是龐涓派人見了孫臏，說魏王用人，請孫臏到魏國來，龐涓向魏王進行舉薦。孫臏聽完之後非常感動，想還是自己的這個同學有情義，於是就來到了魏國，就這樣，龐涓把他安頓好了，並答應說馬上向魏王舉薦。

第二天，龐涓在朝堂上對魏王說：「臣有一個朋友，名叫孫臏，是一個統兵打仗的人才，可為所用。」魏王高興的說：「那好，明天請來我見一見。」第二天上朝，魏王就問龐涓說：「孫臏請來了嗎？」「臣正要稟報，待退朝之後單獨彙報。」

退朝後，魏王問龐涓為什麼要單獨說。龐涓說：「孫臏來的時候，我就派了人打聽他的情況，昨天打探的人才回來，說孫臏是齊國的奸細！」結果魏王一聽大怒，龐涓連忙謝罪，說自己是為了給國家找人才，太心急了，這個時候魏王的火氣才消，並且讓龐涓去處置孫臏。

孫臏這一天早早就起來了，而且收拾好了準備去見魏王。正在屋裡等著，突然就衝進來了幾個差人，掏出鎖鏈就把孫臏鎖上帶到了一處官署，此時一個官員開始審問，這個時候的孫臏才明白，他們說自己是齊國的奸細。只見官員揮了一下手，幾個彪形大漢走過來把他按倒在地，又見一個大漢拿著一柄大斧頭走上前來，孫臏還沒有明白是怎麼回事，只覺得腳下猛一下劇痛，就這樣昏過去了。最後孫臏被一個老人所救，失去了雙腳，但是總算保住了性命。

孫臏付出了自己一雙腳的代價，才真正看清楚了龐涓的真面目，這個代價真的是太沉重了。

即使早就有孫臏的例子作為歷史的警鐘來警醒人們，但是交友不慎的事情還是經常發生。我們每天看著層出不窮的新聞，可能就會讓我們感到心驚膽寒。例如：某某女生被網友迷姦，某某男生被教唆殺人等等。

交朋友雖是我們的感情所向，但也應該適當的放入一些理性的元素，透過自己的理性來審視我們要交的朋友到底能不能成為真正的朋友。

理清人際脈絡，及時增減人脈資源

想要很好的管理自己的人脈網，除了要和一些「有價值」的朋友保持密切的聯繫之外，還應該對自己的交際圈做一個定期的「篩選」。特別是對於那些不積極，甚至是有可能拖你後腿的「雜草」朋友，你需要盡快的從自己的朋友中排除出去，從而避免他們對你造成不良的影響。

有一次，國際著名的演說家菲立普女士請一位造型師幫她做造型設計。而造型師首先幫著她整理了衣櫃，把她所有的衣服分成了三堆：一堆是送給別人的；一堆是回收的；剩下的很小一堆才是留給菲立普的。

菲立普眼看著不少自己非常喜歡的衣物都是放在送給別人的那一堆裡，於是就請求說：「請讓我留下件心愛的毛衣與一條裙子好嗎？」但是這位造型師卻搖搖頭，說道：「不行，這些衣服也許是你最喜愛的衣物，可是它們卻不符合你現在的身分與你所選擇的形象。」

最後由於造型師的絲毫不肯讓步，菲立普女士只能眼睜睜的看著自己大部分衣服被「逐」出家門。

而造型師讓菲立普女士留下來的衣服，都是最美麗、最吸引人、也是剪裁最合體的幾套。後來，菲立普才非常感慨的說：「我必須學著捨棄那些已經不再適合我的東西。而『清衣櫃』已經漸漸成為了我工作與生活的指導原則。不管是客戶也好，朋友也好，衣服也好，我們都必須進行評估、再評估，懂得割捨，以便騰出更多的空間給新的人或物。我也經常會用這個道理與來聽演講的聽眾們分享，這其實就是接受並掌握生命、職業生涯不斷變動的一種方法。」

整理人際關係網的道理其實也是一樣的。如果我們也能夠對自己的人際網做同樣的「篩選」工作，當你做完清理之後，留在圈內的朋友就會自然成為我們最樂於往來的人。

格林伍德曾經感歎道：「我寧可獨自一人，沒有朋友，也不願意與那些庸俗卑微的人為伍。」

在你的生活當中，特別是在你為了成功而奮鬥的過程中，你需要尋找朋友，但是，你也一定要記住，不要結交那些對你有害而無益的朋友，更不能讓自己被他們拖入渾水之中。

我們所處的環境和結交的朋友，對於我們的一生會產生很大的影響。可以說，交上怎樣的朋友，就會產生怎樣的命運。

因此，在選擇朋友的時候，你一定要與那些努力、樂觀、富於進取心、品格高尚，有才能的人交往，只有這樣，才能保證你擁有一個良好的學習和生活狀態，從而獲得豐富的精神食糧以及朋友的真誠幫助。

為了能夠更好的整理、維護你的關係網，你需要從以下幾點做起：

第一，要對自己認識的人進行分析。

首先需要你列出哪些人是最重要的，哪些人是比較重要的，哪些人是次要的，之後根據自己的需要進行排序。這其實就和打撲克牌一樣，先要明白自己手裡有幾張主牌，幾張副牌，哪些牌是最有力量的，是可以用來奪分保底的，而哪些牌只能夠用來應付場面。

只有這樣，你才會明白，哪些關係需要重點維繫和保護，而哪些只需要保持一般的聯繫和關照，從而決定自己的交際策略，合理安排出自己的精力和時間。

第二，謹防被「小人朋友」出賣。

不知道你有沒有遇到過這樣的事情：你身邊的同事、部下或者與你毫無利益衝突的人，你信任他，依賴他，甚至是辛辛苦苦、勞神盡力的為他們著想，努力滿足他們的各種願望，可以說對他們已經是非常和氣、任勞任怨了。結果忽然有一天，不知道什麼原因，這其中的某個人卻在背後狠狠的「捅」了你一刀。而且更為傷心的是，當你捂著傷口仔細回憶的時候，卻無論如何也想不起來哪裡傷害了人家，最後只能獨自感慨：「交錯了朋友。」

第三，警惕被整日牢騷滿腹的朋友帶壞。

有這樣一些人，不管現實如何，也不管自己是否努力，總是喜歡一味的進行抱怨，抱怨公司不好，抱怨上司不好，抱怨工作差、薪資少，抱怨自己空懷一身絕技沒人賞識……

殊不知，抱怨只會讓我們失去更多，如果你與這樣的人成為朋友，那麼時間長了，你也會染上他的惡習，從而成為一個讓別人討厭的人。

其實，關係網的編織雖然是重要的，但是更為關鍵的是人際網路要經常維護、妥善管理。否則，會讓你最初的努力功虧一簣，所以，我們一定要多加注意。

認識的人不一定是朋友，也可能有小人

在現實社會當中，「朋友」這兩個字在每一個人眼中都顯得是那麼的親切，甚至親切得可以讓你的心有一個停泊的港灣。但是千萬別以為認識了就是朋友，兩個人成天在一起就萬事大吉了，很有可能到頭來什麼都不是，甚至還有可能成為敵人。

這絕對不是危言聳聽，不管是說人心隔肚皮也好，還是說人面獸心也好，總之你是不可能輕易看透某個人的內心的，或許，當你正高興有這樣一位好朋友的時候，結果不測卻正悄悄的走向了你。

有一個女孩是一所國立大學的研究生，畢業之後進入到了一家外商工作。外商的老闆是一位美國人，一眼就看中了女孩的才華，很多事情也安排女孩去辦。

女孩做起事情來也是得心應手，所做的每一件事情都讓老闆讚不絕口，很快便被升到了總經理助理的位置，掌管了大半個公司。

這個時候她的一位昔日好友找到了她，對她說：「我們認識這麼多年了，你看我現在還沒有一份像樣的工作，你能不能幫我一個忙啊？」看著好友祈求的眼神，想想原來在一起的美好時光，於是她便答應了下來。她的好朋友學歷不高，而且還沒有特別突出的才華，也沒有透過正式的面試等正規途徑進入公司，靠得就是女孩向老闆打的保證：「我們是很多年的朋友了，肯定沒有問題。」

然而，在旁人看來真的很難相信這兩個女孩子是同學，女孩衣著樸素，表現大方，對人親切，而她的好朋友呢？不僅衣著華麗，而且做起事情來總是丟三落四，很不受大家的喜歡。儘管如此，或許是因為女孩的原因吧，她的好朋友也經常會出入總經理的辦公室。

有一天，女孩剛剛上班卻聽到了自己被公司解雇的消息，而同時她的那位好友卻取代了她的位置。

整個公司裡的人都感到非常詫異，怎麼會這樣呢？女孩做得好好的，怎麼就會被解雇了呢？為什麼被升遷的偏偏是她的那位朋友？這到底是怎麼回事呢？老闆這是怎麼了？

原來事情是這樣的，她的朋友利用女孩是總經理助理的關係多次主動接近總經理，就這樣一步一步的讓總經理掉入了她的情色陷阱，「讓我自己來取代她的位置」，看起來不可思議，但是卻是任何一位女孩都渴望得到的，不錯的工作，優渥的薪水，高額的分紅……女孩所擁有的每一樣東西都讓她感到眼紅，於是她對自己昔日的好友下了手……

「認識了不一定就是朋友，很可能什麼也不是」，這句話說了很久，但是卻並沒有多少人真正把它放在心上。每一個人都渴望長久不變的友誼，每一個人都希望自己的每一份友情都是那麼真、那麼美。可是在現實生活當中，在很多人的眼中，金錢、利益、榮譽等一些東西要比感情更加重要，他們寧願捨棄一份感情，也要想盡辦法得到自己想要的東西，其實這就是人心的可怕之處。

不要以為認識了就能夠成為朋友，可能你的一點點疏忽大意最後都會讓你後悔不已，你一定要時時刻刻為自己多想一點，感情深、死黨、閨蜜在有的時候與金錢、利益、地位等東西比起來簡直就是一文不值。

自己的人脈關係肯定是需要依靠自己的真心去全力打造的，但是對方到底值不值得你用一顆真心去對待呢？在任何時候自己心裡永遠都要有個底。人的心不可能長在別人的身上，心一定要放在自己的肚子裡，因為只有自己才不會傷害自己。

口無遮掩讓你煩，遠離「大嘴巴」的人

我們可能經常聽別人說：「病從口入，禍從口出。」可見，我們的嘴巴真的是一個非常重要的器官，特別是在人際社交的過程中，一句話，就可以籠絡一個人；一句話，也可能會得罪一個人。

聰明的人，總是懂得如何管好自己這張嘴，就好像生病不能亂吃藥一樣，話也不能亂說。所以給自己的嘴巴找個「守門員」這是非常有必要的。否則，也許你不知道自己在什麼時候就說漏了嘴，給自己帶來不必要的麻煩。

有這樣一個寓言，一隻青蛙就是因為自己多嘴，而丟掉了自己的性命。

夏天到了，天氣非常炎熱，已經一連好幾天都沒有下雨了。一隻青蛙，因為天旱，找不到水喝，生命危在旦夕。

就在這個時候，正好來了一隻仙鶴，牠看見青蛙很可憐，便說：「我帶你去找水源吧。」然

後，仙鶴便用嘴銜著青蛙飛行。

當牠們飛到一個都市上空的時候，青蛙忍不住對仙鶴說：「這是什麼地方？為什麼不停下來看看呢？」仙鶴剛想要回答青蛙的話，可是一張嘴，青蛙便從空中掉了下去，摔死了。

這則小寓言告訴我們，說話要分場合和時機，時機或場合不對可能會給自己帶來致命的下場。

我們每個人都有嘴巴，嘴巴具有兩種功能：一是吃飯，二是說話。但是說話也可以分為兩種：一類是該說的，另一類是不該說的。

古往今來，因言致禍的例子可謂是數不勝數。在有的時候，能言善辯也確實可以讓你比別人更勝一籌。但是有的時候，多說就相當於自掘墳墓。

沙皇尼古拉一世登基之後，就爆發了一場由自由分子主導的叛亂。由於當時的俄國的工業太落後了，他們強烈要求俄國實現現代化，從而超越歐洲的其他國家。

俗話說：「新官上任三把火。」沙皇尼古拉一世自然也不例外。為了顯示自己的權威，他殘忍的平定了這場叛亂。

而且他還為了能夠給世人一個警戒，決定把其中的一位領袖李列耶夫處以死刑。

沒想到在行刑的過程中，由於李列耶夫一直不斷的進行掙扎，繩索突然斷裂了，他因此掉在了地上。

當時，人們把出現的這種狀況看作是上天的恩寵，犯人也會因此而得到赦免。李列耶夫在確認自己保住了腦袋的同時，又開始向人群大喊道：「你們看，俄國的工業就是如此落後，就連製造繩索也不會！」

結果，他的話傳到了尼古拉一世的耳朵裡，本來已經打算提筆簽署赦免令的他放下了手中的筆，說道：「既然是這樣，那麼我就向他證明一下事實是相反的。」

第二天，李列耶夫再一次被推上絞刑臺，這一次，他再也沒有那麼好的運氣了。

一個懂得人際社交技巧的人應該知道在什麼時候以什麼樣的方式說話做事。實話不一定要直說，而是可以幽默的說、婉轉的說或者晚點說、私下交流等等。

同樣是說實話，用不同的方式說出來，效果就會有很大的不同。

「說話」其實是一門藝術，說什麼、怎麼說，這些都是有講究的。上帝給我們每個人兩隻眼睛、兩個耳朵，但是卻給了我們一張嘴，就是告訴我們，要多看、多聽、少說。

第八章

突破人脈交往障礙：自己走出去，才能請進來

一旦步入職場，倦怠的性格吃不開

在與別人交往的時候，我們一定要注意不能帶有倦怠的情緒。因為如果帶著倦怠的情緒與別人進行交往，是非常不尊重人的行為，而別人也會認為你的倦怠情緒是因他而起，自然就不願意和你交往了。

一個積極的精神狀態是可以感染人的，也能夠展現你與人交往的誠意。在很多的外資企業中，我們一進入公司就會被員工們積極的精神狀態所感染，這些員工總是精神抖擻，面帶燦爛的微笑。與這些人進行交往，你就會體會到陽光般的熱情。

為什麼這些員工總是能夠保持這樣積極的精神狀態呢？就在於他們懂得，只有自己充滿活躍的熱情，才可以去感染別人，才能夠增進彼此之間的友誼，也才能夠促進合作的成功。

唐萌是一名保健品公司的推銷員。她不僅人長得高挑漂亮，而且說話也口齒伶俐，非常適合做推銷員工作，但是她的業績在公司卻總是處於中下等的水準，這讓她感到非常沮喪。

特別是最近公司因為營運出現了一些問題，公司又把推銷員的銷售標準提高了百分之五十，雖然這樣，但是大部分的推銷員都努力通過完成了目標，可是只有唐萌還在原來的水準上。而為了幫助唐萌提高銷售業績，公司派了一個有著豐富推銷經驗的業務員杜晨幫助她。

杜晨和唐萌一起跑了幾家潛在的客戶，發現唐萌在產品敘述和推銷技巧上是完全沒有任何毛病的，唯一的缺點就是當她與客戶進行交流的時候，明顯缺乏積極性，總是一副疲倦的樣子。

唐萌的這種精神狀態肯定會讓客戶在心理上產生一種不滿的情緒，所以，最後就造成了很多人沒有當場與她達成交易。

而且，客戶總是說：「我再考慮考慮，然後給您回覆。」其實，基本上這樣的答覆就意味著推銷的失敗。

回到公司，杜晨把自己的這一看法委婉的告訴給了唐萌。唐萌這個時候才意識到自己的問題所在。她與別人打交道的時候確實是有那麼一點的倦怠情緒。原來，唐萌本來性格就比較悲觀，所以很多生活上的不如意也就會不自覺的帶到與別人交往的過程中。

在唐萌認知到了這個錯誤之後，她開始努力轉變自己的狀態。每次去見客戶，唐萌都努力調整自己的精神狀態，不讓自己有一點倦怠的情緒流露出來。

甚至唐萌還報了一個舞蹈班，讓自己經常運動，這樣就更能夠驅走精神上的倦怠情緒。經過一番努力之後，唐萌的銷售業績得到了明顯的提升，不僅順利完成了公司的任務，而且還超出了不少。最後在年底發獎金的時候，唐萌居然得到了比去年多一倍的獎勵。

我們經常說性格外向的人更容易處理好人際關係，獲得他人的友誼，而性格內向的人則經常表現得比較孤僻，被人冷落。其實，出現這種差異的原因在基本上是來源於倦怠情緒。特別是對於性格內向的人，更會經常表現出這種倦怠的情緒。

原因就在於，由於他們的性格非常敏感，只要稍微遇到一點挫折便會容易灰心喪氣，身心疲憊。而性格外向的人則經常能從容應付各種困境，不管是在什麼樣的情況下，他們都能夠以最飽滿的精神狀態去面對別人，這樣的人怎麼可能人緣不好呢？

由此可見，倦怠情緒是與人交往的一大障礙，如果你不能克服自身的倦怠情緒，那麼，你將很難累積人脈資源，也很難獲得事業上的成功。

趕走你身上倦怠情緒的方法有很多種，我們可以多去參加一些體育活動，也可以聽音樂、看一些勵志電影等。

無論是透過身體調節，還是精神調節，我們都可以克服生活當中的種種倦怠情緒。而一種飽滿的精神狀態，時間長了，就會形成一種習慣。而當你養成這種習慣的時候，那麼你就能夠遊刃有餘地去面對任何問題。

只有主動出擊，才能抓住良機

有人說：「人生有四樣東西會一去不返，說過的話、潑出的水、虛度的年華和錯過的機會。」也有人說機會就好像是一個小偷，來的時候無聲無息，走的時候卻讓你損失慘重。這樣的形容真的是很貼切。機會其實就是這樣，當我們意識到的時候，你可能早就錯過了機會。

所以，當機會來臨的時候，你要用力緊緊抓住，千萬不要和下面這個寓言當中的教徒一樣，眼巴巴的看著一個又一個的機會從手中溜走。

傑克鮑姆是一個非常虔誠的教徒，他每天都會對上帝禱告，為上帝祈福。幾十年的時間裡從來沒有中斷過。終於上帝被他感動了。有一天晚上，上帝走進了傑克鮑姆的夢裡，告訴他說：

「今晚就要發生洪水，你不要怕，我會來救你的。」

果然，到了後半夜，發生了山洪。這個時候，村民逃命的逃命，呼救的呼救，只有傑克鮑姆雙手合十的禱告起來。

就在這時，有個人過來勸他快跑，他卻說：「你們跑吧，我等著上帝來救我。」不一會水已經淹沒了半個屋子，他只好坐在高高的櫃子上。

此時，一塊木板漂了過來，他想著上帝說會來救自己的，於是他放棄了。水越漲越高，傑克鮑姆只好坐到了屋頂上，心裡想著：「怎麼上帝還不來救我呢？」就在這個時候，救援隊趕到了，救援人員讓他上船，可他死活都不上，偏偏要等上帝來救他。最後，救援人員無奈的走了。

直到被洪水淹死，傑克鮑姆還是沒有等到上帝來救他。傑克鮑姆死後十分氣憤的質問上帝：「你說會來救我，我那麼信任你，最後等到死，也沒有等到你。」

上帝聽了他的話也很生氣，反駁道：「我怎麼沒有去救你？我先派去一個人，讓你趕快逃跑，可是你不聽；然後我又扔了一個木板給你，你不用；最後，我只好派人划船去接你，人家都等到天黑了，結果你就是不上船。分明是你自己沒有把握住求生的機會，反倒怪我沒有去救你？」

像傑克鮑姆這樣的人，即使是碰上好運氣，遇到了對自己有利的情況，可是由於司空見慣，或者說是思想沒有準備，不懂得審時度勢，頭腦不敏感等，還是會錯過良機。

善於利用時機，才更容易取得成功。這其實是成功的一項基本要訣，所以我們要讓自己時刻處於「備戰」狀態，當機會降臨的時候，就可以一下子抓住它了。

很多機會往往都是在我們的等待過程中遺失的。

有一個人的妻子，她一直想要自己丈夫送花給她，可是她的丈夫認為一生的時間很長，等有了錢再送也不遲。沒想到的是，還沒有等到他有錢，他的妻子就因為意外去世了。

在妻子的靈堂上，他鋪滿了鮮花，但是他卻再也無法看到妻子收到鮮花時的幸福表情。直到這時候，他才開始後悔自己錯過了那麼多美好的時機。

錯過的機會，就好像是流逝的時間，是有去無回的，把握不住那些難能可貴的時機，留下來的只能是無限唏噓的遺憾。可見，善於抓住時機，事情才會有成功的可能。

機會是如此的短暫，成功的三分之一都來自於機會。所以成功的人也是少數，要想成為這少數人當中的一員，那麼我們一定要主動出擊，善於抓住稍縱即逝的機會。

克服害羞心理，大膽與人交往

每當提到「害羞」，我們眼前可能會跳出一個女子以袖遮面、欲露還遮的可愛形象的畫面。這樣的害羞真可謂是風情萬種。可是，結交人脈，我們一定要拒絕「害羞」。因為作為一個人脈的渴望者，我們充當的就是一個追求者的身分，追求者當然是需要主動和積極的，只有這樣，你才有可能追到自己心儀的「對象」。

害羞的人在與陌生人交談的時候，經常會感到拘謹而畏首畏尾、「言不由衷」，這是一種對陌生環境、陌生人群的恐懼心理。這種心理雖然不能算得上是病，但是卻是一種障礙，很多人正是因為「不好意思」而喪失了絕好的機會，甚至是喪失了功成名就的絕佳機遇。

特別是對於一個已經步入社會的人來說，拘謹的性格肯定是不行的。

要想解決這一問題其實並不難，首先你需要問一問自己：為什麼你跟自己的父母或者老朋友談話的時候不會感覺有任何困難呢？這是因為你跟他們已經非常熟悉了，對自己已經相當熟悉的人，你就會覺得自然，而一旦面對陌生人情況就不一樣了。

原因何在呢？因為你對陌生人是一無所知的，特別是當你進入一個陌生群體的時候，你就可能會全身不自在，甚至是有懼怕的心理。所以，想要在聊天或者是談生意的時候毫不拘謹，關鍵就在於你先要把陌生人當成是自己的老朋友。

在你決定和某個陌生人談話的時候，一定要主動介紹自己，這樣人家就會樂於跟你聊天，你等於是把握住了一次機會。甚至，你還可以從工作入手，對方的或是自己的，隨著交談的深入，你可以涉及一些其他的話題，但是所涉及的話題選擇一定要讓雙方都感興趣。

如果你遇到那種比你更羞怯的人，你應該首先跟他先談論一些無關緊要的事情，讓他的心情放鬆，以免激起他談話的興趣。話題的選擇當然要做到盡量的小心，那些容易引起爭論的問題，能免則免。與此同時，你要特別留心對方的眼神和肢體動作，一旦有淡漠、厭惡的表情出現，你就需要立即轉換話題。

不管是用什麼樣的方法，都需要你變得大膽起來。如果你自己都不好意思與人進行交往，那麼你又如何將自己推銷出去呢？所以，即使是最文靜的人，如果想要將自己推銷出去的話，他就必須是一個能說會道的、與陌生人交談「臉不紅氣不喘」的人。

害羞，這是成功的大忌。如果你不大膽的展示，那麼你的才華和能力怎麼能夠被別人發現，又怎麼能夠走向成功呢？

卡爾杜奇指出，害羞的人傾向於在一個有限的社交範圍內活動，他們往往喜歡在一個固定的小圈子裡進行交往，反覆做著同樣的事情。他們故步自封，拒絕去擴展新的社交領域。而這些問題都將嚴重影響著一個人的發展。

如果一個人沒有起碼的社交能力，那麼他就有可能在生活和心理上逐漸脫離社會，這是很可悲的事情。作為一個正常的社會人，我們一定要杜絕自己的害羞心理。

不要玩寂寞，孤獨不是社會的主旋律

一杯茶，兩盞酒，偶爾來一個小聚，生活上的相互幫助，事業上的相互支持，都能夠讓你認識很多實情實意的朋友。但是，時日長久，你有沒有想過你所認識的人是否和自己太像，背景太過相似，甚至連同對很多事情的看法可能都是同出一轍。

如果你的回答是肯定的，那麼你就需要注意了，因為這些現象表明你的生活圈變得越來越狹窄，也說明你能拓展人脈的機會變得越來越少，這對於你事業的發展，人脈的拓寬是極其不利的。

特別是那些有志於做大事的人，更不應該總是一心圍著特定的朋友打轉。你應該走出這種故步自封、能夠使一個大活人悶得毫無鬥志的小圈子，你需要到外面的世界去，你應該更多地去接觸那些具有個人和專長各異的人群，並且你要學會與不同的人打交道，能夠從容應對各種突發事件，在不同的場合散發出你與眾不同的魅力。只有這樣，你才能廣結善緣、萬事順意，你才能贏得他人的信賴和幫助，你的事業才有可能攀登上金字塔的尖頂。

要想走出自我封閉、踏步不前的循環，那麼就需要多參與社交活動，能夠在各種社交場合中呼朋喚友，這是治療「封閉症」的一道良方。

多參與社交活動，有助於培養你三個方面的特質：

第一，能夠讓你勇敢起來，主動接近陌生的人群，而不會因為害怕人心複雜成天躲在家裡或者是工作領域。

這其實是對自己的一次挑戰，在挑戰自己的過程中，你會發現自己變得越來越有膽量了。

第二，在社交活動中你能夠更快的成長。因為在社交活動裡面，無論是閱讀、聽演講或者是與人分享生活，這些都是讓你學習和成長的機會。而對於那些渴望快速成長的人來說，這實在是一個不可多得的好方法。

第三，在社交活動中，你可以結識很多熱心和喜歡做善事的人，他們參與社交活動，奉獻出了自己的時間和精力來與人分享自己的人生，這樣的人往往都是非常值得交往的真朋友。

然而，如何才能在社交活動中與形形色色的人打交道呢？如何應對大事、小事、喜事、愁事、傷心事、苦惱事等各種繁瑣事務，這真的是一門極其高深的學問。說句實話，要做好這門學問實在太不容易了。

當你身處熙攘的社交活動中，你應該高雅的「作秀」，凸顯自我；與形形色色的人交往的時候，你要察言觀色，周旋自定；如果遭遇到不如意的人或者是事情，你則應該學會豁達寬容，用微笑來展現你的大度；如果你的才華出眾，一時春風得意，千萬不可趾高氣揚。高調做事，低調做人，才應是你為人的守則；如果你這個時候正是落魄之際，也不要氣餒自棄；就算真的個人能力所不能至時，你應該懂得善假於人或物，以借取勝。

在平時的交往當中，我們可能會遇到一些不順心的事情。比如你與一個陌生人接近的時候，他可能會對你左提右防、畏畏縮縮，甚至直言拒絕。

但是在社交活動當中就不同了。在一個社交活動裡，你幾乎可以與任何一個陌生人順理成章的認識、熟識，而且這種事情看來是那麼的自然而然。這是因為大家同在一個社交活動中，本身便具備了一種很親近的聯繫，人與人哪怕是沒見過，也會很少設防。這種由生疏到熟悉的關係多數會在透過社交活動或者是休閒活動等情況下，自然而然的建立起來。

自卑會導致封閉，封閉注定會落伍

戴高樂將軍曾經說過：「眼睛所看到的地方，就是你會到達的地方，只有偉大的人才能成就偉大的事。他們之所以偉大，就是因為決心要做出偉大的事。」

愛默生有一句名言：「自信是成功的第一祕訣。」自信，就是要相信自己的能力，就是對自我的肯定，就是堅信自己一定能夠成功、能夠實現目標的堅定信念。

「自信人生三百年，會當擊水三千里。」不管遇到多麼嚴重的挫折，不管碰到多麼巨大的困難，你的信念也不應該發生動搖。因為一個人要一時的自信那是比較容易的，關鍵的是要讓它成為一種持久的信念。

信念這種意識上的東西是非常神奇的，神奇到可以給我們實實在在的力量！人們能夠做到他們相信能做到的事！世上每一本宗教典籍其實都在訴說著這個道理。

高爾基也說過：「只有樂觀的人，才能在任何地方都懷有自信的沉浸在生活當中，並實現自己的意志。」我們現在對自我評斷的信念其實也在支配著我們的未來。所以一個人成就的大小在基本上取決於信念的大小。

這其實並不是天方夜譚和盲目自人。擁有這種信念的前提就是對自身有一個全面而正確的認識。在這種必勝信念的鼓舞之下，你的神經系統和大腦就會不斷的接收到來自信念的訊號，促使你所期盼的結果出現。

只要你相信自己會取得成功，那麼信念就會帶著你逐漸向成功靠近；而你如果覺得自己會失敗，那麼信念也就會讓你的這個想法實現。你總是抱著懷疑的心態，既不相信自己的能力，也不適時利用時機，這樣你只能走向失敗，不可能成就大事業。

如果你覺得自己的行為和想法是正確的，而且還具有一定的可行性，那麼就要死心塌地去堅持，把自己的想法轉化為實際行動，把自己的信念轉化成力量，去創造你所需要的東西，奇蹟也許就會在你的行動中逐漸現身。一味的猶豫不決和半信半疑，只能導致你離成功的彼岸越來越遠。

這其實就是成功者與失敗者截然不同的信念所帶來的不一樣的命運！成功者始終用最正面的思考、最樂觀的精神和最堅定的信念來支配和控制自己的人生。失敗者卻是恰好相反，他們的人生是受過去和現在各種的失敗與疑慮所引導和支配的。

自信在有的時候，甚至能夠改變我們的形象，增加我們的魅力。

蘇菲亞・羅蘭說：「充滿自信的醜超過缺乏自信的美。」而她自己也就是「醜小鴨變成白天鵝」的一個實例。

索菲亞承認自己並不美，她的嘴巴很大，長相平平；但是她仍然自我感覺很好，對自己充滿信心，相信自己很美。所以別人也會覺得她美，她也因此在事業上取得了巨大的成功。

擁有自信往往會在遇到挫折的時候通過考驗！生活中，其實剛開始的時候我們通常都是充滿自信，至少是有點自信的，只不過隨著時間的推移和事情的一步步發展，逐漸的遇到了一個個的挫折，我們的自信心也就開始一點點的減弱了。

其實，挫折是難免的。遇到挫折的時候，如果你的自信心不強，它會對你原有的自信予以破壞甚至嚴重摧毀，讓你的一部分，甚至是完全的失去自信。那麼我們要做的就是恢復或者重新建立自信，增強對挫折的容忍力。

撐起前進的桅杆，那麼你的自信就是那推動生命之船走向大洋遠方的動力。心靈在互換過程中相通，生命在奮鬥當中精彩。我們完全沒有必要自卑。自信就是萬里晴空，是勝利彼岸，是沙漠中的綠洲，它能夠賜給你力量，伴隨你步入成功的殿堂；自卑卻是暴風驟雨，是絆腳石，是攔路虎，它可以將你的信心全部摧毀，把你推向暗無天日的深淵。

要相信朋友，切忌輕易猜疑

猜疑，就好像是一條吞噬感情的蛀蟲，一直以來都威脅著我們與其他人之間的感情和信任。猜疑能夠讓人際社交過程中本來一個非常小的疙瘩發展成為長期的不和。這其中不知道有多少人因為猜疑疏遠了朋友，中斷了友誼，甚至到頭來還斷送了自己的事業。

當你不能夠對周圍的人、事報以信任的態度時，那麼你等於已經被猜疑之心所困擾，自己無法輕鬆快樂的度過每一天。就好像，當你突然出現在大家面前的時候，而大家立即就停止了談論，這個時候你的心裡可能就會抱怨：「他們是不是在說我的壞話？」假如你一天到晚都是抱著這樣的心情，那麼你怎麼能夠過得開心呢？對於人的懷疑，我們經常是根據自己的主觀推測來判斷的，這樣就更容易受到自己感情的干擾。

在一個大雨天，雨水沖塌了一家人的院牆。這個時候房屋主人的兒子說：「如果不趕快修牆，那麼恐怕小偷會來偷竊的。」他的鄰居也說：「趕快修好吧，不然真的會把小偷引來的。」結果，在當天夜裡，他家真的被盜了。而這個房屋的主人就懷疑鄰居是小偷。

如果換成你是這個人，你會怎樣想呢？看到院牆塌了的人，只有自己兒子和鄰居。你會懷疑誰呢？肯定大部分人還是會懷疑鄰居，因為鄰居是外人。

那麼為什麼同樣的話從兒子和鄰居的口中說出來，鄰居就成了小偷，而自己的兒子就不可能是呢？這其實就是我們的猜疑之心在作怪。

由此可見，無端的猜疑之心，會讓我們對待朋友、對待事物，不能夠從客觀實際出發，進行合乎邏輯的判斷、推理，而僅僅是憑藉一點表面現象，主觀臆斷，就隨意誇大，進而扭曲事物，得出一個不切實際的結論。

多疑的人思想總是飄忽不定，心無主見，容易受人挑唆，無中生有，懷疑一切。看過《三國演義》的人都知道曹操就是一個生性多疑的人。

曹操刺殺董卓未遂，逃出京城。董卓派人追捕，並且四處張貼曹操的畫像，凡是捉拿到曹操的，懸賞豐厚，可謂是情勢十分嚴峻。

面對董卓布下的天羅地網，曹操想到了他父親的朋友呂伯奢，於是便和救他出來的陳宮一起逃到呂伯奢家。

呂伯奢見到老友的兒子，自然是十分高興，熱情的款待曹操。當他準備拿出好酒好菜來招待曹操的時候，發現家中沒有酒，便急忙出去買酒。

曹操便坐在前堂等候，隱約聽到後面有磨刀聲，頓起疑心。於是便悄悄走到後窗，聽到裡面說：「綁起來，殺吧！」他當時立即大驚失色，提起手中的劍闖入內宅，見一人殺一人，總共有八人倒在血泊之中，直到殺到廚房的時候，才看見一隻豬剛被捆上四蹄待宰。曹操這時才明白剛剛他們說的是殺豬，而不是殺他。

大錯已經釀成，曹操和陳宮只好匆匆逃離呂家。誰料到半路上又和興沖沖買酒而歸的呂伯奢碰上了！想起那慘死的八人，陳宮自然是滿臉愧疚，抬不起頭來。曹操卻在兩馬相錯之際，一揮劍，又把呂伯奢殺死了！

陳宮看見大驚，說道：「前面殺人，是由於誤會；現在明明知道是恩人，卻還要虐殺，你太殘忍了！」

曹操卻說：「呂伯奢到家，見到自己的家人被殺，必定告官，那麼到時候官府一定會追殺我們！我這是為我們解除後患。」

曹操疑心太重，總是怕別人爭奪自己的所愛、所求、所得，害怕別人損害自己的利益，所以終日疑神疑鬼，顧慮重重。

我們每個人都有多疑的時候，疑心是人在社會生活中保護自己和預防性保護自己的正常心理活動，但是疑心的程度有輕有重，過於疑心或者過於敏感這些都是不正常的現象。

因此，我們應該摒棄多疑，給他人一分信任，等於也是給自己的心靈卸下枷鎖，千萬不要讓猜疑這條毒蛇，吞噬了你的心靈。

對手也能成為朋友，不要把其當成仇敵

在猶太人的心中，人類都是一個祖先繁衍下來的，同源同根。換句話說，人的存在是世界性的，四海之內皆兄弟。所以，猶太人認為每一個人都應該去愛整個人類。

也正是因為存在這樣一個「大人類」的觀念，所以在歷史的長河當中，儘管猶太人受盡了迫害，歷盡了坎坷，但是，一旦猶太人有能力主宰異族命運的時候，他們也能夠做到不像當年遭受迫害追殺那樣迫害侮辱其他民族。而且，他們往往會以平常的心對待其他人，甚至是用愛心去幫助他們。

因此，有句猶太格言說：「誰是最強大的人？化敵為友的人。」

猶太人認為，諒解和接受曾經傷害過你的人，這才是最好的待人之道，這樣也就可以得到希望中的回報。

在猶太人的《聖經》當中有一則關於約瑟夫接納他哥哥的故事。

約瑟夫是雅各的第十一子，遭到了兄長的忌妒，在少年的時候就被他賣往埃及當奴隸，但是他後來卻當上了宰相。

結果有一年因為饑荒，他的父親派哥哥們到埃及去尋找食物，約瑟夫見到了兄長。

當約瑟夫發現是自己哥哥的時候，在眾多僕人面前終於控制不住自己，他大聲叫起來：「所有的人都走吧！」

於是所有的僕人都立即離開了，這個時候約瑟夫對哥哥說：「我是約瑟夫，我們的父親還好嗎？」

可是這個時候，他的哥哥們卻沒有回答，一個個目瞪口呆，不知所措。

緊接著，約瑟夫又對哥哥們說：「靠近些。」

當他們靠近，他說：「我是你們的兄弟約瑟夫，你們曾經把我賣到了埃及，你們忘記了嗎？」

可是兄長們還是不敢相信。但是，當他們明白這一切全部是真的時候，他們看著眼前的弟弟如此威風，如此榮耀，已經嚇得雙腿顫抖不停了。

但是，約瑟夫卻並沒有報復他的兄長們，而是非常溫和的說：「現在，你們不要因為把我賣到了這裡而感到難過，或者是譴責自己。其實那是上帝為了救我的命才把我早些送到這裡來的。故鄉發生饑荒已經兩年了，接下來的五年時間所有的土地將歉收。

上帝把我早些送來，就是為了讓你們繼續存活，以特殊的方式搭救你們的性命。所以是上帝把我送到這裡來的，並不是你們，而且也是上帝讓我成為了法老的宰相、所有財產的主人、整個埃及的統治者。」

約瑟夫這種寬以待人、化敵為友的處世行為，形成了千百年來猶太人傑出的生存智慧：對於整個人類充滿愛心，並且去真誠愛護每一個人。

所以猶太人對待敵人往往都能夠用愛心去寬恕，對待朋友也能夠用真誠去回報，這也正是猶太民族的偉大和高尚之處。

當你在職場上非常需要另一個人幫助的時候，而這個人可能曾經與你有某種不和，那麼你該做些什麼？顯然選擇放棄並不是一個好的辦法，雖然放棄是不費吹灰之力便可以做到的，但是這樣你就會失去一個得力的夥伴。

聰明的做法就是你要去考慮如何才能夠化敵為友，讓你們成為朋友，而下面的這幾種做法能幫助你達到這一目的。

第一，勇於承認自己的不對之處。

千萬不要害怕承認自己的不對，覺得這樣別人會看不起自己。其實，真正有能力的人正是那些敢於承認自己不對之處的人。

第二，對別人的興趣加以注意。

要想讓對方對你產生好感，並且願意與你成為朋友，最好的辦法就是對他的興趣加以注意。

第三，對威脅性的問題不要理會。

在有的時候，我們總是會聽到別人說一些帶有威脅性的問題，「你以為你是誰？」「你們學校難道沒教你點什麼東西嗎？」等等，其實對於這些問題，根本就不需要詢問什麼資訊，它們只是為了讓你失去平穩的心態罷了。

所以，我們千萬不要帶著感情色彩去回答他們的這些問題，因為根本就沒有必要回答他們。

打開話匣子，讓自己與人有話可談

俗話說「萬事開頭難」，不管是寫文章還是與別人交談，很多人都會遇到「開頭難」的問題。寫文章開頭難還好解決，大不了先放下，等想好了之後再寫，但是跟人談話就不一樣了，等你想好了，可能人家早就離開你，去找別人談話去了。

言語木訥，這對於一個希望透過交往建立人脈的人來說是致命的缺陷，在交流的過程中，如果你不主動去跟別人攀談，而是一直等著別人跟你開口說話，你就會給人留下一種傲慢、冷漠的感覺。

因為你要知道，在大眾場合，你並不是別人不可或缺的談話對象，如果你的態度是冷漠的，那麼別人完全可以去找別人進行交流，而且大家對你的這種認識一旦形成，你要想再改變大家對你的看法就比較困難了。因此，我們要積極主動和對方打開話題，用你的話題把匆匆從你身邊走過的朋友留住，讓自己成為一個受歡迎的人。

那麼，如何開啟話題呢？

答案就是投其所好，從別人和自己共同的興趣點開始。

跟一個陌生的人在一起談話，我們可以從對方的話語中找到對方感興趣的話題，比如影視作品、名人逸事、股市行情、健身美容，等等，在這些對方感興趣的話題當中，你也要選擇一個自己也比較喜歡的話題，從而和對方開始交流，這樣就非常容易談到一起了。

在這裡需要注意一個問題：要爭取你對所選話題的評價和對方保持基本的一致，不然就會出現話不投機的情況，並且你還需要有足夠的知識沉澱，如果對方說的你懂，那麼你就可以和對方一路談下去；如果不懂，你完全可以採取仔細傾聽、適時發問的方式來滿足對方的傾訴欲，或者是巧妙的轉移到下一個你們共同感興趣的話題當中去。

除此之外，投其所好最忌諱的就是不懂裝懂，雖然自己覺得跟對方所談的是同一個話題，可是實際上卻是風馬牛不相及，最後貽笑大方，培養人脈就更不可能了。

在光緒年間，浙江杭州有一個茶商，花錢捐了個縣官，可是他不學無術，除了茶葉什麼都不懂。一年以後，他到省城，見到了巡撫大人，正煩惱不知道說什麼呢，看見巡撫的家丁送上茶水，於是靈機一動，找到話題了，他端起茶杯喝了一口，說：「大人，您這茶葉真不錯，我一嘗就知道這是地道的西湖龍井。」

原來官場上的規矩，上司的茶是不讓客人品的，如果上司覺得沒事了，說聲「請用茶」，其實就是示意你可以走了，這個茶商不但不懂規矩，而且還與巡撫聊起了茶葉，讓巡撫特別不高興。

於是，他板起臉問茶商：「貴縣，聽說你那裡年年河道成患，不知道今年的情景如何呀？」

茶商回答倒是非常俐落：「回大人的話。您問和道嘛……，這個和道啊……這個……小縣那裡的和尚倒都是好和尚；就是老道非常可惡，不是吃酒賭錢，就是鬥毆生事。」

巡撫一聽答非所問，於是趕緊解釋說：「我不是問和尚、道士，我問的是水。」

「噢，水呀，卑職那裡的水都是甜水，沒有苦水，沏茶可好喝啦。」這個茶商還真是離不開茶葉。

巡撫聽了又好氣，又好笑：心想，這人怎麼如此糊塗，什麼都不懂。乾脆，隨便問點別的，讓他走了算啦。於是又問：「貴縣，你們那風土如何？」

「大人，您問風土啊，卑職到任一年多，倒是沒刮過什麼大風，塵土也少，就是經常下大雨。」他把風土人情當颳風、塵土啦。

巡撫聽完皺了皺眉，又問一句：「貴縣民風如何？」

「蜜蜂啊，卑職那裡蜜蜂不多，馬蜂可不少，螫人可厲害啦。」

這回巡撫可是真的生氣了，腦袋後邊的小辮氣得直晃搖，「騰」就站起來了，用手一指茶商：「我問的是你的小民。」

茶商一聽，撲通一聲跪下了：「回大人的話，卑職的小名兒叫『二狗子』。」

這個茶商的結果可想而知，如果他不著急沒話答話，而是事先找人請教一下官場的語言和規矩，那麼結果可能就不會這麼慘了。

第九章

翻越人脈這堵高牆：除了親戚，很多人都可以幫你

人際關係很多種，不只親人才有用

人與人之間的感情都是一點點累積起來的，除了自己的親人之外，我們還有很多人可以結交，而且他們可能給予我們的幫助更大。

有的人眼中只有自己的親人，遇到需要求別人幫忙的時候，才想起來去求別人幫忙，又是送禮、又是送錢，顯得非常熱情，但是這種做法的效果肯定是不好的。想要在關鍵的時候得到貴人的幫助，應該在平時注意自己身邊的人。這樣一來，一旦有事，你再去尋求別人的幫助時，可能別人就會更加樂意幫助你。

有一個人，在他位高權重的時候，他家裡的客人可以說是川流不息，絡繹不絕，整整一年的時間裡，幾乎都在會客和約見朋友。可是，等到有一天，他突然成為了落難英雄，家裡清靜得居然一個月也見不到幾個人，直到這個時候，才讓他真正感覺到了「世態炎涼」這四個字的含義。

此時的他覺得人活著真的沒有意思了，他失去了活著的動力，想要自殺。可是就在此時，恰巧平時從來都沒有到他這裡走動過的一個朋友，突然拿了很多的東西來看他，並且還安慰他，開導他，陪他聊了很長時間的話。這個時候，他又覺得自己生活的動力重新被點燃起來。於是，他在這個朋友的幫助之下，開始著手建立自己的公司，不再對原有的公司抱有任何希望。

就這樣，經過努力，他的公司慢慢建立了起來。重新成長起來的他，拚命努力，打算收購以前的公司。最後，他以前所在的公司因為資金周轉不靈而宣布倒閉。

他往日的朋友眼看他重新又站了起來，就又開始到他的家裡進行拜訪和送禮，因為他們都很想成為這家的公司負責人。但是這一次他沉默不語，因為他在等自己最危難的時候，幫助他的那個朋友。

可是這個時候，他卻只接到了朋友的一個電話，向他表示衷心的祝福。於是，他決定親自去接他的那位朋友，讓他來負責這家公司。

有的人看起來雖然很平庸，可是世間之事變化無常，誰也不能夠預測下一秒會發生什麼樣的事情，也有可能他現在確實是一個不起眼的小人物，但是說不定哪一天他就乘著風雲的機會成為了飛黃騰達的人物。

當一個人在得意的時候，一切看起來都是很平常的，也是非常容易的，以為所有的事情都是理所當然。假如你的境遇地位與他相差不多，交往當中也就無所謂得失。但是如果你的境遇地位不及他，往來時日一多，那麼反而會有一種趨炎附勢的錯覺。即使你極力接納，多方效勞，可能在對方看來這也是很平常的，沒有什麼，你不替他做事，自然會有別人替他做事。

而也只有當對方轉入逆境的時候，以前的友好，反眼似不相識；以前的車水馬龍，今則門可羅雀；以前一言九鼎，今則哀告不靈；以前無往不利，今則處處不順，他這個時候繁華夢醒，而對人的認識比較清楚的時候，寸金之遇，一飯之恩，才能夠讓他終生銘記。

俗話說：「滴水之恩，湧泉相報」，日後你如果有所需要，那麼他必奮身圖報。即使你無所需，他一朝否極泰來，也是絕對不會忘記你這個知己的。「人情冷暖，世態炎涼。」趁自己有能力的時候，多注意一下身邊的人，與更多的人進行結交，請記住，不要忽略你身邊的任何人，他也許就能夠幫助你，使你的事業更上一層樓。

同學感情最純真，巧妙經營最長久

當今社會，人際社交是不是廣泛，是一個人能否在事業上面獲得成功的重要因素。而在這種關係當中，同學關係則應該是一種比較重要的關係。

我們每個人都會有幾個昔日的同窗好友，說不定你還在他們的記憶當中。我們千萬不要把這種寶貴的人際關係資源白白浪費掉。同窗之誼，情如手足，在某種程度來看，甚至是勝於手足之情的。

同學之間的純潔關係，在將來很有可能會發展成為長久而牢固的友誼。由於在上學的時候大家都還比較年輕，又都非常的單純，熱情奔放，而且彼此之間又對自己的人生或者未來充滿了浪漫的理想。或許是在什麼時候，同學們在一起熱烈的爭論和探討，在別人面前完全表露每個人的內心世界。

再加上同學之間的朝夕相處，彼此之間對對方的性格、脾氣、愛好、興趣等都能夠有一個深入的了解。所以，在同學當中也最容易找到合適的朋友。

其實，每個人都是有同學的，而同學關係對很多人來說更是非常珍貴的，因為學校生活是我們每個人一生當中最為美好的一段時光，老同學作為與你分享過美好時光的人，自然也更容易成為你最信賴的人。可以說，老同學是我們最不能夠忽略的一種人脈財富。把這樣的同學關係經營好，那麼你的人際關係自然就會萬事亨通了。

不管是小學、中學，還是大學，每一段學習的記憶都能夠讓我們回味無窮，特別是對於高學歷的人來說，同學關係的好壞對於他們未來的發展具有非常重要的影響。

在現代社會當中，人與人之間各方面的競爭變得越來越激烈，而且社會關係網路更是一個人事業成功所必不可少的社會資本和社會資源。同學之間所能夠構建起來的「同學關係」作為人生一筆不可多得的關係資源，對於一個人的社會地位和事業發展的提高更是有著不可替代的「利用」價值。

我們試想，大千世界，茫茫人海當中，能夠成為同學，這實在是緣分不淺。雖然相處的時間並不是很長，但是這中間的關係確是值得我們珍惜的，值得持續下去。那麼，如何把握好同學關係呢？

第一，加深同學之間的友誼。

同學之間只有主動幫忙才會讓同學之間的關係變得更加深厚，將來互相幫忙的可能性也才會變得越來越大，甚至還會主動進行幫忙。

第二，經常聚會。

當你與同學分開之後，還應該保持一種相互聯繫、越久彌堅的關係。這樣的話，對於你的一生來說，或者說對於你將來所要達到的目標與理想，肯定會有很大的好處。而且這當中有很多好的方面，也許是你根本無法想到的。同學在有的時候，特別是在危急關頭能夠幫上大忙。

但是，我們一定要記住一點，這中間的好處完全是來自於自己的努力，如果在你與同學分開之後，沒有進行經常性的相聚，那麼關係再好又從何談起呢？

所以說，只要你有這份情和這份心，並且能夠真誠的與分開以後的同學維持一個良好的關係，那麼，你的人脈關係就會變得更加廣泛，出路自然也會比別人多出好幾條。

第三，要隨時參加同學會，互相聯絡感情，做事的時候才能夠互相有個照應。

在現如今的社會中，由於物質的極大刺激，造成了越來越多的人目光短淺，特別是在同學關係上，相聚的時候也是漠然處之，分開之後就不再來往了，「你走你的陽關道，我過我的獨木橋」，直到遇到困難的時候才會想到同學，這樣豈不是為時晚矣。

所以，我們應該在與同學分開之後，經常保持聯繫，或者說成立一個組織機構，比如同學會、LINE 群組等等，這實在是一種非常有遠見的方法。

朋友是人脈基礎，多個朋友多條路

人脈的投資之道，並不是我們現在才發明的，其實我們的前輩們早就明白這個道理，而且比我們要懂的多，並給我們留下了許多寶貴的累積人脈的經驗。

在清朝道光年間有一位人脈投資的「專家」，名叫胡雪巖，他正是掌握了人脈投資之道，才從一個倒夜壺的小差役，一下子翻身成為了名震一時的紅頂商人。

胡雪巖在十二三歲的時候，為了養家糊口，透過親戚的關係，進入到一家錢莊做學徒。在錢莊裡，擦桌、掃地、倒夜壺等這些對於胡雪巖來說就是家常便飯。但是誰也沒有想到，這個天天倒夜壺的小孩，居然一下子倒出來了無數的金元寶。

原來在胡雪巖當夥計的時候，他認識了一個窮書生叫王有齡。

王有齡在道光年間已經捐了浙江鹽運使的官，但是卻沒有錢進京。雖然胡雪巖當時還是年紀輕輕，但是早已練就了一雙火眼金睛。透過交往，胡雪巖發現王有齡這個人必定是一個做官的材料，日後定能飛黃騰達。而當時王有齡又正在為當官沒盤纏而煩惱，於是胡雪巖就決定賭一把，他把收帳得來的五百兩銀子大膽借給了王有齡。

有了銀子，王有齡立即啟程，途經天津的時候，他遇到了故交侍郎何桂清。在何桂清的舉薦之下，王有齡來到了浙江巡撫門下，當上了糧臺總辦。就這樣，王有齡漸漸的發達起來了，但是胡雪巖卻因為私用帳款而失去了養家糊口的飯碗，壞了行規，壞名聲在外，最後居然連個工作也找不到了。

但是王有齡卻發跡不忘舊恩，立即拿出錢來，資助已經失去了工作的胡雪巖，於是胡雪巖開了一家名為阜康的錢莊。從此之後，隨著王有齡的步步高升，胡雪巖的生意自然也是越做越大，除了錢莊之外，還開設了其他許多家店鋪。

俗話說：「朝中有人好做事。」胡雪巖小小的年紀卻能夠把眼光放遠，為自己的未來打下人脈基礎，不得不令人讚歎、佩服。甚至我們可以說，王有齡是胡雪巖人脈網中抓住的第一條大魚，也正是靠著這條大魚，胡雪巖一下子就由小夥計成為錢莊掌櫃。

當然，胡雪巖的迅速崛起，除了得益於王有齡之外，另外一個人也發揮了非常重要的作用，這個人就是左宗棠。

西元一八六二年，王有齡因為喪失了城池而自縊身亡。於是，左宗棠繼任浙江巡撫一職。但此時，這位新任巡府正被糧餉短缺等問題困擾著，而急於尋找到新靠山的胡雪巖又及時的出現了：在戰事吃緊的情況下，他出色的完成了在三天之內籌齊十萬石糧食的任務，從而得到了左宗棠的賞識和重用。

從此之後，胡雪巖又多次在後方協助左宗棠打了許多場勝仗。左宗棠最後向朝廷報功，保奏胡雪巖為「布政使」。

後來得到了朝廷的准奏，並恩賜黃馬褂，胡雪巖的母親也被封為「一品夫人」，胡雪巖由此官居從二品，成為了「紅頂商人」。

而在左宗棠任職期間，胡雪巖管理賑撫局事務。他廣泛設立粥廠、善堂、義塾，修復名寺古剎；恢復了因戰亂而一度終止的牛車，為老百姓提供了極大的便利；向官紳大戶「勸捐」，從而解決了戰後財政危機等事務。至此，胡雪巖的名聲更是大振，信譽度也大大提高。

後來，等到清軍攻取浙江之後，大小將領官員將所掠之財不論大小，全部都存在了胡雪巖的錢莊當中。而胡雪巖也以此為資本，從事貿易活動，在各市鎮設立了商號，利潤頗豐，短短幾年，家產就超過千萬。

這便是胡雪巖的本事所在，用兩個字概括起來，那就是「投人」。「人」在胡雪巖的眼中，就好像是白花花的流水一樣的銀子，只要是被他看上的人，肯定就會變成源源不斷的錢。

胡雪巖能夠在亂世之中，方圓皆用，剛柔皆施，上不得罪於達官貴人，下不失信於平民百姓，中不招妒於同行朋友，真的可以說是圓通有術、左右逢源、進退自如，為此他也才能夠在晚清混亂的局勢中站穩腳跟，在商業上紅極一時。

不要看不起小人物，可能是你的大貴人

小人物的價值到底有多少呢？對於大人物而言，小人物只不過是沙灘上的一粒沙，你永遠都不可能看出它有什麼價值，除非它變成了珍珠；而對於公司的老闆來說，小人物不過就是樹上的一片綠葉，除非它是楊樹上的楓葉，否則，它永遠都不會被注意到。

那麼，你到底有沒有仔細想過，小人物到底有沒有價值呢？

其實，一個真正聰明的人總是眼光長遠，絕對不會輕視小人物的。

奧巴．傑克在一家大公司做管理工作，在公司的產品遭遇退貨、賠款，甚至是最後瀕臨倒閉的時候，公司高層們急得團團轉而束手無策，正是奧巴．傑克站了出來，提供了一份調查報告，最後找出了問題的癥結。

這一舉措不僅一下子解決了公司的所有難題，還為公司賺到了幾百萬的利潤。

而且因為工作出色，奧巴．傑克在公司深受老闆的重視，不久之後就成為了全公司的一顆明星。

之後，憑藉著自己的智慧和膽略，奧巴．傑克又為公司的產品打開了國際市場，立下了汗馬功勞，在兩年的時間裡，他就為公司賺回幾千萬的利潤，最後成為了公司舉足輕重的人物。

就在奧巴．傑克躊躇滿志，以為銷售部經理一職非他莫屬的時候，他卻沒有被升遷。本來公司董事會正要提拔他作為公司主管銷售的副總經理，但是卻由於在提名的時候遭到人事部的強烈反對而最終作罷。

原因就在於他在公司的負面反應實在太大了，比如：不懂人情世故，不知道如何與同事交往，驕傲自大等等，更加重要的是，銷售部出現了一件很失敗的事情，那就是一筆損失了幾十萬的大單，而這個損失幾乎就是奧巴．傑克一手造成的。

看到這些反對意見，特別是那個失敗的大單，董事會一致認為讓奧巴．傑克進入公司的決策層顯然是不太合適的。就這樣，銷售部經理一職由別人擔任了，奧巴．傑克只好拱手交出由自己開拓建、自己培養成熟的國際市場。

而這就好比我們自己親手種下的果樹上所結的果子被別人拿走一樣，令他非常痛苦和不解。奧巴．傑克不明白，公司怎麼能夠這樣對待他呢？自己到底是錯在哪裡了？為什麼結果會是這樣呢？

到了後來，一個非常同情他的朋友幫他破解了迷惑。原來有一次，他出去為公司辦理業務，因為急需一批匯款，在緊要關頭卻遲遲不見公司的匯票，業務活動「泡湯」。原來這是一個出納員暗中刁難他。因為，平時他對這個出納員總是愛理不理的，也就是說他從來沒有把他放在眼裡。

其實很多事情都是這樣，小人物看似無足輕重，但是他們要麼成就你，要麼破壞你。他們可以幫你走向天堂，自然也能夠把你送進地獄。

當你春風得意的時候，也一定要保持謙卑姿態，千萬不要過於張揚，對待小人物更需要和藹，要知道，越是這個時候越容易得罪小人物。他們往往在嫉妒心理的操縱下，會情不自禁的捅你刀子。

當你的才華暫時無法施展的時候，同樣不要忽視小人物。因為他們可以透過種種方式接觸到一些一流人物，而你如果能夠在和他們交往的時候保持一種良好的關係，那麼他們一有機會可能就會幫助你。

異地見老鄉，難時有人幫

地緣人脈所說的就是出於居住地域形成的人脈關係，而最為典型的就是「兩眼淚汪汪」的老鄉關係。

老鄉都是非常講究感情的。在歌曲《老鄉見老鄉》當中這樣唱到：「老鄉見老鄉，兩眼淚汪汪，問一問老鄉你過得怎麼樣，心情好不好啊做工忙不忙，其實我和你一樣夜夜夢故鄉。」

這「淚」「汪汪」，其實就已經深刻道出了彼此的內心感受，似乎相互之間已經不僅僅只是同住一個地方那麼簡單了，而且與其他人相比，更多了一種親情混雜在情感當中。一起吃過一個地方的飯，一起住過一個地方的房，這種說不清、道不明的感情是非常特別的，它也讓老鄉關係變得更加穩定。

自古以來，就有著這樣一種傳統，就是同姓或者聯姻的家庭同住在一處，比如林家村、李家村，而同一村裡面大家既是鄰居，又是親戚，對外則就成為了老鄉，彼此血緣是一脈的，大家都是一家人。

隨著經濟的發展，交通開始便利起來。所以，人們越來越不安分於傳統的封建大家庭，他們需要與不同姓，甚至是不同鄉的人進行交流，非常希望能夠到外面去走一走、看一看，就連儒家的傳統也提倡讀書人要多出外行走，「讀萬卷書，行萬里路。」

就這樣，人們不斷的外出，於是就在異鄉停留下來，定居繁衍，時間一長，同在異鄉的人便根據地域自然形成一種關係，這就是老鄉關係。但是這種老鄉關係深挖起來，在這當中還有一層也許近、也許遠的血緣關係。

既然是有血緣關係的老鄉，那麼就更是一家人了，不但親上加親，而且還都認同一個祖宗，有事互相幫忙更是分內的事。所以，在處理老鄉關係上，千萬不要只限於地域上的相同或相近，更應該懂得在這一層的基礎上深挖一層，說不定還能夠發現彼此之間的血緣關係，那麼這樣不就更有利於做好關係嗎？

宋冠祖是清朝末期安徽省金寨人，參加科舉屢試未中，最後總算得了一個秀才的頭銜，在偏僻的小山溝裡當了一個私塾先生，教村裡幾個孩子，以換取日常之糧食與衣物。

宋冠祖雖然沒有金榜題名，但是卻博學多才，對自己學生的教育非常重視，千方百計的教學生一些「格物致知」之學。雖然說山村偏僻，但是在當時，西方的知識也有所傳來，宋冠祖非常欣賞，於是也就經常教這些知識給自己的學生。

有一次，為了能夠給學生建造一間動植物標本的保存室，他想方設法的去籌錢，村裡借了去鄰村，鄰村借了又到了鄉里……最後，在實在沒有辦法的情況下，他到了城裡，希望找幾個老鄉想想辦法。

當時宋冠祖聽說有一個老鄉現在已經是萬貫家財，他欣喜若狂，滿懷希望的前去借錢，不料這位老鄉非常的吝嗇，一分錢也不願意給他，並且還把宋冠祖給趕了出來。

宋冠祖原本就是清高之人，現在遇到這種屈辱，教他如何咽得下這口氣。不過，冷靜之後，宋冠祖還是覺得這個老鄉對村裡，特別是兒童教育還是非常有用的，跟他關係做好之後，以後的教育經費就好辦了。於是，他又想出了一計去見這位老鄉。

在當時，親屬的輩分非常嚴格，爺是爺，叔是叔，哪怕你比一個人大了十幾歲甚至更大，但是人家輩分比你高，那麼你也要叫人家爺。

宋冠祖找來族譜，經過認真查找，他發現自己居然比這位老鄉高一輩，這位老鄉應叫宋冠祖為「叔」，儘管宋冠祖當時才只有三十一歲，而那位老鄉的年齡卻已經是五十八歲了。

最後，在族譜面前，這位老鄉再也不敢如此囂張了，在自己的「長輩」面前，他只能遵循幾千年來的禮節，而宋冠祖這個時候什麼話都沒有說，就非常輕鬆的借到了所需的經費。

宋冠祖在這裡可以說是出奇制勝，耍了一個「花招」，鑽了一個「漏洞」，但是從根本來講，就是他與這位老鄉聯繫上了血緣關係，在這樣的「壓迫」下，那位老鄉的吝嗇之心也不得不收收了。

親戚之間多走動，越走關係越親密

親戚之間的血緣或者是親緣關係決定了彼此之間有著一種特殊的親密性。遇到困難，人們首先想到的就是找親戚幫助。俗話說：「不是一家人，不進一家門。」作為親戚，對方也會非常熱情的向你伸出救援之手。

而為了能夠有效的維護好親戚之間的親密關係，我們也應該認識到親戚關係的複雜性，主要表現在親戚之間存在著多種差異，比如經濟、地位、地域、性格的差異等。這些差異既能夠成為彼此之間交往的原因，也很有可能成為產生矛盾的原因。

所以，親戚之間在互相交往、互相求助中更需要我們特別注意，這樣才能夠讓彼此的關係更融洽、更牢固。

在生活當中，可能經常會因為一些經濟利益問題而得罪親戚。比如親戚之間的借錢借物等財物往來，可以說這是經常的事情。當然，有時是為了救急，有時是為了幫助，有時是為了贈送，情況雖然不同，但是都展現出了親戚之間的特殊關係。

而你作為受益者，在道義上對親戚的慷慨行為給以由衷的感謝和讚揚這當然是必要的。但是，如果你覺得這樣的支持和幫助是理所當然的，而不進行一點表示的話，那麼對方可能就不會感到非常滿意，暗中也會影響到你們之間的關係。

同時，對於需要歸還的錢物，也一定不能含糊。親戚之間也是各有各的利益，必須把感情與財物分清楚，萬萬不能夠混為一談。如果對方沒有明言贈送給你，那麼所借的錢物該還的也一定要按時歸還。有的人從來不去注意這個問題，認為親戚的錢物用了就用了，對方是不會計較的。但一旦等到親戚提出來時，你將會非常尷尬。

而對於親戚的幫助一定要注意給以適當的回報，這既是加深雙方情感的需要，更是報答對方幫助的必要表示。如果你忽視了這樣的回報，同樣會得罪人的。

總之，親戚之間的錢物往來，如果處理得當，那麼自然能夠成為密切感情的因素，反之，則有可能變為造成矛盾的禍根。

雖然彼此之間有著親戚關係，但是也應該相互尊重，平等對待。特別是在彼此之間有地位、職務的差異的情況之下，更應該如此。

俗話說：「窮在街市無人問，富在深山有遠親。」富足的、地位高的人比貧困的、地位低的人對於親戚來說更具有吸引力。因為地位低的人總是希望從地位高的人那裡能夠得到一些幫助，同時在他們提出自己請求的時候，還會懷著極強的自尊心。

如果地位高的你，對於前來求助你的，比你地位低的親戚表示出不歡迎的態度，那麼自然就會傷害到對方的自尊。

通常情況下，地位低的人對瞧不起自己的情況是非常敏感的，只要對方露出哪怕一點冷淡的表情，都會充滿了計較、不滿，從而造成不良的結局。

而且，親戚之間，彼此幫助也不能違背社會法律和社會道德。例如：有些人求親戚幫忙，特別是要求人家做一些有違原則的事，人家不做就心懷不滿，說人家不講情誼之類的話，這顯然是不對的。

在一般情況下，親戚越走越親。但是，親戚交往也是需要講究方式的，否則也會發生矛盾。

在很久之前，人們可以在親戚家住上一年半載，但是現如今的時代顯然就不合適了。大家都有工作，都有自己的生活習慣，住的時間過長，那麼就會產生摩擦，引起矛盾。

一些人到親戚家做客，毫不客氣，任自己的性子來，這樣就會給主人帶來很多的麻煩，也容易造成很大的矛盾。

有些人每天要睡到很晚才起床，到了親戚家也不改自己的毛病。主人要照顧他，又要上班，時間一長，必然會影響主人的工作和生活的正常秩序，從而影響彼此之間的關係。

還有一些人不注意衛生習慣，到了親戚家裡，菸頭到處亂扔，還要人家收拾。時間短，可能人家還能夠忍耐克制，但是時間一長，必然就會產生不滿。

所以，對於親戚之間的交往，我們更應該注意自己的行為方式，尊重親戚的習慣，因為只有這樣，我們才不至於讓親戚關係蒙上陰影。

遠親不如近鄰，相處好了最有用

俗話說：「遠親不如近鄰，遠水難救近火」，這一說法一直以來都得到了人們的認可。其實這一說法的形成，應該源於以前交通落後、資訊閉塞，而且最快的交通工具也僅僅只是千里馬，如果需要什麼救急，相隔百千里，來回這麼一折騰，是根本來不及的。

相傳在古時候，有一個村莊，一個小孩不慎落水，而小孩的父親不習水性，叫其老娘去找遠在幾里之外的小舅子來施救。而老娘則說為什麼不叫鄰居來幫忙，但是小孩的父親不願意。原因就是，他一直以來和鄰居世代不和，放不下面子。當時老娘氣得昏過去，等小舅子到來的時候，小孩已經被河水沖得無影無蹤了。

鄰里之間為了面子老死不往來，但是卻為此失去了兒子的性命，多麼不值。

現如今，社會交通越來越發達，資訊便捷，遠距萬千里，智慧型手機、網路、飛機，完全看你根據具體的用途來選擇。那麼是不是交通的迅捷就能夠解決所有的問題呢？答案顯然是否定的。

有一次，鄰居家的瓦斯罐著火，是鄰居們一起幫忙才把火撲滅的。如果等 119 消防隊趕到的時候，可能整個房子早就化為灰燼了。

還有一次，鄰居有一個小孩走丟了，於是四周的鄰居們全體動員，大家一起出動去找，最後發現小孩正和一個撿垃圾的老爺爺在一起吃東西，這個時候大家才放了心。如果不是鄰居的幫忙，說不定去報了警，再做上半天的筆錄，等到員警趕到的時候，可能早就錯過了時間。

可見，「遠親不如近鄰」這一說法直到今天也沒有失去其原來的意義，但是在新時代應該賦予其更豐富的內涵。

在一層公寓樓裡面，一共有五戶。對於有一些媒體所報導的，都市人如高樓大廈冷漠，「人情薄似紙」，各鄰居不往來，大門一關，楚河漢界不相關。

但是這五戶人家卻不一樣，只要有人在家，那麼這五戶人家的大門都是敞開的，一是可以通風透氣有益健康，二是大人們可以串門子聊天，而小孩子們的嬉鬧更是融洽了氣氛等等。

原來剛搬來社區的時候，大家誰也不認識誰，見面也不打招呼，後來見得多了，點個頭便一笑而過。說實話，有的人是不屑跟人打招呼的，人們喜歡把這樣的人說成是孤僻。可是到了現在，在大家的感染下，那位不屑與別人打招呼的人已經有了明顯的改變，首先打破了不相往來的局面。

還有一次，有一年幾個鄰居的女人居然在同一年懷孕，個個都挺著大肚子彷彿不是懷著孩子而是藏著一肚子的話，當時這些女人什麼事情都不願意做，但是聊起天來卻很有話題，這個說今天孩子動得厲害，那個說吃什麼食物最有營養，就這樣，十月懷胎把鄰居的幾戶人家都親近了。

親近確實親近了很多，但是想要保持長期和睦也不是一件簡單的事情。畢竟鄰居就好像是一個小社會，由於每個地方的風俗習慣不同，而且大家也都是來自各地，還有就是每個家庭情況、為人品性等差異，相處融洽就更加困難了。

但是，只要大家能夠找到一個合理的方式，巧妙的處理好鄰里的關係，對鄰居多關心一些，多進行一下幫助，這樣大家才能相處得更好。

第十章

了解結交人脈的禁忌：對自己嚴要求

補齊影響你發展的「人脈缺點」

到底是什麼影響了你的發展呢？為什麼別人能夠平步青雲、步步走高，唯獨你運氣不佳、碌碌一生呢？這裡面除了學歷，金錢，背景，機會的影響，不知道你有沒有想過，你真正的人生「缺點」也許正是因為缺少人脈呢？

人脈是人生當中最為重要的資本之一，而且也是成功道路上最重要的因素之一。事實上，人脈越寬，做起事來才能夠順風順水。我們每個人都希望能夠得到那些有一定背景的大人物幫助自己，使自己能夠在事業的發展上更順利一些。

無論你從事什麼樣的工作，或者將來是否準備創業，你都應該明白：每個人在智力、能力上的差別都是差不多的。但是，你之所以很多事不如別人，最為重要的還是因為你缺少人脈。因此，你要時刻做好準備去開發人脈，只有這樣才能在未來的發展當中達到事半功倍的作用。

豐富的人脈能夠為你帶來更多成功的機遇。也許你會說，你只不過是一名普通的上班族，而且每天過著朝九晚五的生活，但是請不要忽視人緣對自己的功用，只要你多結交朋友，那麼總有一天會有一個人給你帶來實現夢想的機遇。如果你在人脈資源上有所欠缺，應該怎麼樣去補齊這些人脈的「缺點」呢？

第一，做人充滿人情味。

要想有好人緣，那麼必不可少的就是要有人情味，更要有急公好義的火熱心腸。每個人都有三災六難、五傷七癆，人吃五穀雜糧，哪能沒有一點病痛呢？

你能夠在別人最困難的時候，善解人意，急人所難，伸出友誼之手，學會替人家排憂解難，這也是功德無量的善舉。

俗話說：「積財不如積德。」厚道做人，這才是修練人情味的根本。在處理人際關係的時候，千萬不要待人刻薄，使小心眼，「睚眥之怨必報」。如果是一個沒有人情味的人，那麼他是永遠也無法了解「幫助」這個看似微妙的人情關係當中的豐富內涵的。

第二，有容人的雅量。

人生在世，不如意之事常八九。人事糾葛，牽絲攀藤，盤根錯節。世態百味，甜酸苦辣，難以勝數。在人際關係當中，有的時候發生矛盾，心生芥蒂，產生隔閡，個中情結，剪不斷，理還亂，我們應該怎麼處理呢？一種方法是「冤家路窄」，小肚雞腸，耿耿於懷；而另一種方法，則是冤仇宜解不宜結，「渡盡劫波兄弟在，相逢一笑泯恩仇」。

第三，口下有情，腳下有路。

人與人的交往，本來是不存在那麼多的矛盾糾葛，在很多時候就是因為有人逞一時之快，說話不加考慮，隻言片語才傷害了別人的自尊。在社交的過程中，以尖酸刻薄之言諷刺別人，只能夠圖自己嘴巴的一時痛快，但是結果卻往往會給自己帶來意想不到的災禍。想要厚結人緣，說話的時候一定要口下留情，驕傲自大，尖酸刻薄，這是最容易傷人面子的。謙卑待人，才能得到友誼。

有一個叫張威的人，他自我感覺良好，但是在公司人緣卻不怎麼樣。所以，他經常抱怨世態炎涼，責怪同事寡情。難道真的是世態炎涼，同事寡情嗎?當然不是，主要還是因為張威自命不凡，每逢公司開會，年終考評，他總會喋喋不休的貶損他人，以顯示自己的「崇高的思想」、「卓越的才能」、「非凡的業績」。所以，同事們都覺得他太過分了，太不像話了。於是大家都不買他的帳，從而他陷入了孤家寡人的境地。

第四，要懂得留下轉圜的餘地。

做人處事，一定要把握好尺度，任何事情都要留有餘地。不論是做什麼事情，變數始終是存在的。因此，在沒有成功的絕對把握時，應該先給自己留點餘地，以便進退自如，來去從容。

與人交往，功利心不能太強

有一個三十歲的未婚男青年曾經這樣說：「我的另一半應該是在天平的另一邊，我有多重，她就會有多重，我有多少價值，她就有多少價值。所以我首先要提高自己的價值，這樣我才能夠找到一個同樣價值的老婆，我對老婆的要求就是我對自己的要求。」

這位青年人的說法表達出了一個公平的原則。如果一個男人其帥無比、人格優良，而且事業極為突出，那麼一個品德敗壞的醜女自然是無法與之相配的。事實上正是如此，只有當你是一個優秀的人，你才能夠去吸引其他優秀的人，談戀愛是這樣，交朋友也是這樣。

人與人之間就是一種交換的關係，如果你做不到公平交換，就是你角色的失敗。結交人脈也應該做到公平交換，你把你的好的資源奉獻給他，人家才會把自己的好的資源奉獻給你，因為沒有人願意無償奉獻自己資源。

所以，在盤點自己的人脈關係之前，請先冷靜的問問自己：你對別人有用嗎？在你身上有能夠被別人利用的地方嗎？如果你身上可以供人利用的東西很多，那麼就證明你是很有價值的，而當你越有價值的時候，你就越容易建立起強大的人脈關係。

「利用」，這詞乍聽之下可能略顯貶義，其實在這裡我們要完全脫離它的表面意思。我們步入職場，這也可以算是一種利用關係。因為我們身上有很多被人利用的價值，比如說知識、技術、智慧、聰明的頭腦、有力的雙手等等，我們「出賣」自身的資源獲得勞動報酬。這其實也是一種交換的關係，更是一種利用的關係。這種交換當然是一種公平交換，你自身具備的資源優越，那麼你所獲得的報酬就會越高。

在我們建立自己人脈關係網路的時候，一定要做到公平進行交換，對待別人也應該是坦率的、真誠的。一個人如果不想付出任何資源，只妄想能夠獲得朋友的資源，那麼時間長了，他的朋友就會離他而去，這樣的友誼總有一天會是無疾而終的。

有這樣一個人，他的生活準則是：「不要向別人吐露任何真情。」在與朋友交往中，他也是這樣做的。

他從來不會主動告訴別人任何東西，連回答問題也都是含糊其辭，任何事情都處理得很巧妙，但是誰也弄不清他為什麼總是那樣吞吞吐吐。

在他看來，世界上根本就不存在所謂的公平交換的友誼。因為他不可能、也從來沒有想過去學習如何幫助別人。他從來不會發怒，總是那麼和氣，就連他撒謊的時候，也會做得神不知鬼不覺、就好像沒事的人一般。

他從來沒有真誠的對待過自己和別人，從來不承認自己內心的感情，比如傷心、氣憤。他事事處理得既平穩又文明，這其實就意味著他在向朋友掩飾了自己的感情。他希望以自己的圓滑和虛偽作為條件換取朋友的友情。

這樣的人就好像是一個從頭到腳都裹得嚴嚴實實的大粽子。可想而知，他是沒有一個真誠的朋友的，就算有那麼幾個跟他交往的人，也是打算利用他、不存好心的人。

人們都希望朋友能夠真誠的對待自己，這就要求我們自己首先也要真誠的對待友人。將自己層層包裹起來，或者是戴上面具與人交往，這絕對就是結交人脈的大忌。

這樣的人是不可能真正有朋友的，因為沒有真誠自然就不會有真正的友誼存摺，友誼是公平交換才能得到的，如果你做不到公平交換，那麼自然你也是贏不到這份友情的。

所以請你務必要記住實事求是，要忘記那些傳統留給你的隔閡，一定要伸出你的手來，將自己的資源公平的與更多人進行交換，這樣你才有可能結交到更多的人，也才有可能結交到更高品質的人脈。

因此，大方的奉獻出你的資源，朋友的資源大門才會對你敞開。友誼便是在這種公平的交換當中生存並且發展，最後變得越來越厚實牢靠的。某種意義來說，儘管多數人不願意承認，他們所謂的「友誼」實際上只不過是「交換關係」。

如果自己的資源本身品質就不好，甚至是毫無資源可言，那麼你就有可能成為純粹的索取者。你做不到公平交換，那麼自然任何事情都要煩勞對方，最終你自然就會成為對方的負擔。

也許在剛開始的時候，人家礙於情面不方便說你什麼，但是天長日久，人家的心裡就會變得越來越不愉快，脾氣再好的人也會無法容忍這種不能做到公平交換的友誼。

終有一天，他會向你坦言，他要放棄跟你之間的這段友情，而這種無法做到公平交換的友誼，最終的結果自然就會無疾而終。

人脈資源來之不易，合作要共贏

一個人或者是一個商業團體來到某地，只要稍微立穩腳跟，並且發現當地有商機閃動，他們往往就會很快向自己的血緣親屬，或者是非血緣的鄉親發出類似的資訊：此處錢多、大家一起來賺錢吧。這樣一來，可謂是一發不可收，一傳十、十傳百，雪球也就越滾越大。所以，成功商人都認為，雙贏，始終都是合作賺錢的最高境界。

確實，成功絕對不是偶然的，一個籬笆三個樁，一個好漢三個幫，由地緣和血緣關係織成的社會網路，也就是讓「什麼生意賺錢」、「哪裡有做生意的機會」等等各種各樣的市場資訊能夠在各地的商人之間相互傳遞。而這種網路，也使得他們關注的市場往往突破了都市的區域局限，看起來好像是別人多來分了一杯羹，可是在實際上他們卻是擴大了市場、提高了知名度。最終，一個個企業也就會快速而成熟的成長起來。

合作能夠為我們帶來一加一大於二的局面，特別是希望在商業競爭中取得更多利潤的企業管理者，他們總是以合作雙贏的方式來實現利潤均漲的目的，而且這也是最佳的選擇。

由此可知，國際性的大企業也正是透過合作的方式來實現利益成長的。

共贏意識可以說是現代成功商人的重要標誌。無論在哪個國家，無論是哪一個行業，他們總是一團團、一群群的出現，之後在合作當中尋求各自的發展機會。

具體來看，與朋友合作共贏的形式主要可以表現為「兩個分享，一個分擔」。第一個分享是利潤分享。有錢大家一起賺，千萬不要關上家門獨自吃肉。

第二個分享是分享智慧、資訊、人才及社會關係等一切資源，也就是我們常說的「最佳化組合」。

所以說，「合作共贏」才是利用人脈賺錢的最高境界，無論你的合作夥伴是誰，也無論你的合作方式如何，這種建立在資源分享前提之下的合作，始終都是現代商業競爭當中最有發展潛力的。

不要與比你強大的人分享祕密

為人處世，要懂得矜持，結交朋友也要懂得有城府，否則就會授人以柄，後患無窮。矜持這是很多人藉以保持神祕魅力的一大法寶，可是有的人卻經常把握不住。心裡如果有什麼東西，你應該把它當做是自己看家的內涵，應該放得越深，看得越重才對，而你也會因為有了它，從而變得更加有資本，含蓄和深沉。

但是你一旦說出，那麼你就沒有了，而且如果給了有城府的人掌握住了你的內涵，那麼他就會在你面前更加有資格矜持了。因為你把內心的一塊領地已經出賣給了別人，別人就有更大的內心勢力可以依靠了。而他的大城府既然占據到了制高點，那麼他就可以在自家的陽臺上任意俯視你的小城府，並且是一覽無餘。這樣一來，你即便是自主自在，但是也沒有神祕可言，那麼自然也就顯得不夠重要了。

人穿衣裳，一是為了禦風擋寒；二是為了求得美麗；三是為了遮羞。為人處世，誰都會有羞於啟齒的隱私。所以，善於遮羞這是不可或缺的本領。人言家醜不可外揚，自己的難言之隱誰也不願意示人，以免給別人落下笑柄。然而除非己莫為，才能人不知。所以，遮羞一是要盡量保守祕密；二是要在醜事曝光之後，能夠把不良的後果降到最小。

對於我們身邊那些總是喜歡打探別人隱私的人，你可能早就厭煩透頂了。但是也許在有的時候，我們總是會在不自覺當中主動暴露出自己的隱私，這樣就會給以後的生活帶來不必要的負面影響。下面的幾個生活中的個人隱私問題應注意。

第一，你有多少個人存款。

當朋友誇讚王明新才華橫溢，能夠靠寫文章賺大錢的時候，王明新便不由的沾沾自喜起來。於是朋友又趁機問了他有多少存款？王明新當時雖然心裡猶豫一下，但是還是在虛榮心慫恿下坦白出來了。

就這樣，從這以後，總是不斷有朋友，或者熟人到王明新家裡借錢，或者是買房子，或投資股票，或者是供子女上學，理由不一。

而王明新也覺得朋友、熟人已經知道了自己的經濟能力較強，如果不借錢的話，又怕別人說自己「小氣」，結果弄得自己雖然不情願，但是卻也沒有辦法。

當面對這樣敏感的問題，最好的應對措施就是能夠把問題拋還給發問的人。並且相信這個問題同樣也是他不願回答的，那麼他自然也就理解你的想法了。

第二，你的家庭住址。

張冰在打工的過程中，遇到了一個和自己年齡相仿的年輕人。兩個人談古說今話滔滔，大有相見恨晚的感覺。這個時候，年輕人主動告訴了他的姓名和家鄉住址，並且自然而然的問起了張冰的家在哪裡。既然人家如此的熱情和真誠，那麼自己還有什麼可以隱瞞的，就這樣，張冰一股腦兒的說了出來。

沒過多久，張冰的家中就來了一個年輕人，聲稱張冰在路上遇到了車禍，要家裡拿錢去治傷。而張冰老實的父母聽了，立即就慌了神，趕緊湊了五萬元跟年輕人上路了。路上，年輕人很快就想辦法騙到了這五萬元，脫身跑了。

其實，當陌生人問起這個問題的時候，你完全可以模糊的回答：「我是〇〇人。」如果對方還是不知趣的對你窮追不捨，那麼你可以胡編給他說一個。

第三，你目前的薪水是多少

楊建武所在的公司實行的是薪水保密制。但是，當公司新來的祕書請楊建武吃飯的時候，並且還在飯桌上大大讚揚楊建武的工作能力時，楊建武在激動之餘，終於忍不住抱怨起自己的辛苦付出和微薄的薪水簡直就不成正比。

就這樣，心術不正的祕書在上司面前把楊建武的話添油加醋，結果讓上司對楊建武心存不滿，而且還漸漸疏遠了楊建武。

其實，對於這樣的問題，我們完全可以含糊其辭的進行回答，在與人交往的時候，千萬不要把實話直接告訴別人，說話要給自己留有餘地，只有這樣才能夠為自己留好後路。

合夥買賣只守大原則，莫爭小利益

讓我們來一起看一看李嘉誠的生意經：假如一筆生意你賣十元這是天經地義的話，而我只賣九元，讓別人多賺一元。

從表面上看，我確實是少賺了一元，甚至還可以說我還虧了一元，但是，從此之後，這個人還是會和我做生意，而且交易也將變得越來越大，甚至還會介紹他們的朋友與我做生意，而朋友又會介紹朋友來與我做生意。所以我的生意也會變得越來越多，越來越大，我的朋友的圈子也越來越廣。

當你分享的東西如果對別人有用、有幫助的話，那麼別人自然會感謝你。你願意與別人分享，能夠有一種願意付出的心態，別人就會覺得你是一個非常正直的人，別人也願意與你做朋友，願意與你打交道。

作為朋友，可以免費幫助你一次、兩次，但是你卻不能夠指望朋友白白幫助你一輩子。或者說，你不能夠占別人一輩子的便宜。當朋友給了你好處的時候，你就應該相對的回報同樣的好處。

曾經有一個人借了朋友一萬塊錢，五年之後才還。結果不久之後，這朋友生了一場大病，又來向他借錢，這位朋友就以沒錢推托，分文未借。

如果我們每個人都只想著從別人的身上撈到好處，那麼造成的後果就是：朋友之間失去了最起碼的信任。其實，朋友就是為了某種共同的生存需要才出現的，誰也離不開誰。朋友之間需要互相幫助，只要這樣才能夠生存，所以我們要懂得共贏，這樣才能夠賺大錢。

有的人可能會說，我從朋友那賺到錢，我再以同樣的錢還給朋友，那麼我照樣不是一無所有嗎？其實朋友就是資源分享，如果大家共同分配的資源越多，那麼賺到的自然也就會越多。更何況，我們交換的不可能是同樣的一種東西，僅僅是以資源的交換和組合，最終實現共贏。舉一個簡單的例子，你有地，我有種子，你出地，我播種子，這樣才會生產出糧食。

一個人做不成的事情，兩個人、三個人也許就能夠輕鬆完成。但是如果人心不齊，人多不但做不成事，反而還會壞事。

我們交朋友一定要交那些願意和我們一起共用利益的人，這樣你分享的越多，那麼你的朋友得到的也就會越多，你的收益自然就會變得越來越大。沒有朋友的幫助，你的收益可能就是零；而當你有了朋友的幫助，無論收益是多是少，肯定是不可能為零的。

當然，對於每個朋友來說，我們需要用不同的方式來表達我們的感謝。有的朋友直來直往，利益和感情分的非常清楚，這並不能說明他和你只有利益關係，同樣他也會在意朋友之間的感情；而有的朋友不喜歡你和他談錢，但是這也並不能說明這種朋友是不需要利益共用的，他可能更需要的是一種更為含蓄的回報。

齊奔向朋友借了一萬元給自己的母親看病。他一直要還錢給朋友，但是朋友卻說：「我知道你現在手頭緊，等到你哪天寬裕點了再還我吧。」齊奔知道這是朋友說的真心話，於是也就不再說什麼。

等過了一段時間，齊奔有一個客戶正好需要一批貨，但是齊奔知道朋友的公司正好經營這類產品，於是就極力推薦他使用朋友公司的產品。齊奔說：「就當這是我付你的利息吧，欠你這麼長時間的錢，在我的心裡也實在過意不去。」

其實，朋友的共贏正是這樣。你來我往，朋友本來並沒有催齊奔還這筆錢，但是齊奔卻連本帶息的還給了朋友。如果你是齊奔，大家怎麼會不願意幫助你呢？

還有這樣一個故事，有一個美國牧師在講課的時候講了這樣一個故事：

有一位士兵從戰場前線回到了國內，回家前他先給自己的父母打了一個電話：「我想將一位朋友帶回家，但是他在戰爭中失去了一隻眼睛、一隻手和一條腿，現在是無家可歸，可以嗎？」父母回答說：「不可以，你最好送他去傷殘軍人醫院。」

就在第二天，父母就聽到了兒子自殺的消息，當見到兒子的那一刻，他們才發現，兒子正是那個失去了一隻眼睛、一隻手和一條腿的人。

不得不說，這個故事給我們帶來了強烈的內疚效應，我們不幫助別人，在我們落難的時候，自然也就不會有人來幫助我們。而我們幫助的人越多，當然得到被幫助的機會就會越大。

不可與人太過親密，保持適當距離

朋友與朋友之間的交往，其實就是一個彼此吸引的過程。但是無論再怎麼吸引，兩個人之間還是會存在差異，一旦這種差異被發覺，那麼兩個人就會由原來的相互欣賞，到相互容忍，然後就會試圖去改變對方。而當對方並不希望就此改變的時候，往往這時候矛盾就產生了。其實，在朋友之間，保留一段適當的距離，這就好像是兩棵生長在一起的樹一樣，只有留出一定的距離，才能夠得到光和熱，更好的生長。

在樹林裡有兩棵小樹，當它們還是種子埋在地底下的時候，它們就成為了一對好朋友，它們約定要做一輩子的好朋友。

春天到來的時候，它們發芽了。因為關係很好，所以它們靠的很近，一同沐浴陽光，一同分享雨露。漸漸的，它們長大了，枝杈也都開始重疊在了一起。這時候，它們不再像以前一樣和睦了，因為它們總是覺得被對方影響，導致對方不能夠吸收到足夠的水分和陽光。而在整片森林裡面，它們兩個成為了長得最矮小的樹。

其實朋友之間也是如此，不是距離越近，就越有利於關係的發展。只有掌握好彼此之間的距離，才能既守護對方，又不會影響到對方。

叔本華對朋友之間的關係有過這樣的描述：「人和人之間，就像是寒夜裡的豪豬，因為太冷了想靠在一起取暖，但是距離太近了，又會被彼此身上的刺紮痛，所以總是處在兩難的境地，試圖找到最合適的距離。」

可能我們每個人都有過這樣的經歷：當一個陌生人緊挨著你坐下的時候，你也許會不自覺的把身體往旁邊挪動一下。這樣的行為可能會讓別人覺得尷尬，但是卻也恰好說明了每個人都需要有一定的私人空間。即使是關係再好的朋友，也不要去侵犯別人的私人空間，因為沒有人願意把自己赤裸裸曝光在太陽底下。

有這樣一對好到快成一個人的好朋友，最後反目成仇的故事。

在上大學的時候，寢室裡面何婷和李娟的關係是最好的。她們性格相似，愛好相似，不管是上課，還是去餐廳，兩人都是形影不離，常常熄燈很久了，還能夠聽到她們躲在一個被窩裡面竊竊私語的聲音。

可是這樣的好關係卻沒有維持多久。原因就在於，追何婷的男孩子很多，而何婷又把握不好和他們之間相處的原則，結果和每一個男孩子的關係都很曖昧。

而何婷的行為讓李娟很看不過去，李娟不止一次勸說何婷要檢點一些。可是何婷卻不以為然，次數多了，何婷也就不高興了，她忽然覺得自己以為的好朋友，並不是那麼了解自己，逐漸疏遠了和李娟的關係。

而李娟看著自己的好朋友把自己的好心當成了驢肝肺，心裡很不愉快，只要是何婷不在寢室的時候，李娟就向大家議論何婷和男生約會的行為多麼的不對，大有一副恨鐵不成鋼的架勢。

有一次，李娟又喋喋不休的說起來，恰巧被突然回來的何婷撞見，兩人為此居然還大吵了一架，再也不承認對方是自己的好朋友了。

真正的朋友，不是以友情的名義來進行步步緊逼的，給對方的生活上枷鎖。而是應該尊重對方，給對方留下足夠的生活空間。

朋友之間應互相了解對方，幫助對方，關心對方，但不一定非得要知道對方的多少祕密，多少不為人知的習慣。雖然這樣的友情，表面上看起來，似乎會因為距離而疏遠感情，實質上卻是因為有了適當的距離而給心靈留下了呼吸氧氣的空間。

對於朋友，我們千萬不可以太過親密，否則對方會覺得壓力很大，會被你的親密壓得喘不過氣，而互相保持一個適當的距離，才能讓友情時刻充滿新鮮，也才能更長久。

可以用心交往，但不要失去尊嚴

著名畫家徐悲鴻說：「人不可有傲氣，但不可無傲骨。」可是在現實生活當中，我們看到有傲骨的人似乎不多，反而有傲氣的人不少。這種心裡的傲氣是會表現在言談舉止上的，也就是我們說的「傲慢」。

傲慢的人總是喜歡以自我為中心，總覺得別人非常幼稚、不成熟，遇到事情也喜歡誇誇其談，做起來卻手忙腳亂，待人接物總是缺少對對方起碼的尊重。而且最為可怕的是，他們的「傲氣」其實並不是建立在扎實的根基上的，假如我們被他們的「非凡氣度」所蒙蔽，那麼就有可能要栽大跟頭。

和傲慢的人打交道是一件非常累的事情，下面我們先來看一個古代的小故事，看看面對一個傲慢無禮的大人物，小人物是如何反擊的。

有一次，晏子出使楚國。楚王知道晏子的身材矮小，於是就在大門的旁邊開了一個小洞請晏子進去。晏子不進去，說：「出使到狗國的人從狗洞進去，現在我是出使到楚國來，不應該從這個洞進去。」於是迎接賓客的人只好帶著晏子從大門進去。

晏子拜見楚王，楚王說：「齊國難道沒有人可派了嗎？居然派你做使臣。」晏子嚴肅的回答說：「齊國的都城臨淄有七千五百戶人家，只要人們一起張開袖子，天就陰暗下來；一起揮灑汗水，就能夠匯成大雨；街上行人肩膀靠著肩膀，腳尖碰腳後跟，怎麼能夠說沒有人呢？」楚王說：「既然這樣，那麼為什麼要打發你來呢？」晏子回答說：「齊國派遣使臣，要根據不同的對象，賢能的人自然是被派遣出使到賢能的國王那裡去，不賢能的人就會被派遣出使到不賢能的國王那裡去。我晏嬰在齊國是一個最沒有才能的人，所以當然出使到楚國來了。」

等到了朝堂上，楚王賞賜晏子酒。當酒喝得正高興的時候，兩個官吏綁著一個人到楚王面前。楚王問：「綁著的人是做什麼的？」官吏回答說：「他是齊國人，犯了偷竊罪。」

楚王用眼睛瞟著晏子說：「齊國人難道就這麼喜歡偷竊嗎？」晏子聽後離開座位，鄭重的回答說：「我聽說過這樣的事，橘子生長在淮南就是橘，生長在淮北就是枳，它們只是葉子的形狀相似，但是它們的果實味道卻不同。這樣的原因是什麼呢？其實就是因為水土不同。現在百姓生活在齊國不偷竊，可是沒有想到來了楚國就偷竊，莫非楚國的水土會使百姓善於偷竊嗎？」楚王笑著說：「聖人是不能和他開玩笑的，我反而自討沒趣了。」

無獨有偶，德國詩人歌德也曾展現過自己的才能：

有一次歌德在公園散步，結果在一條小道上不巧碰見曾經攻擊過他的政客。對方傲慢的對他說：「對於一個傻子，我是從來不讓路的。」

但是歌德卻不急不惱，微微一笑，閃身讓到了路邊，給出一個請的手勢，同時回答了五個字：「而我則相反！」這句話一下滅掉了那個政客的傲氣。

其實，晏子出使楚國，楚王一計不成再施一計，最後竟在大庭廣眾之下公開羞辱對方。對於這種侮辱，我們可以透過兩種方法應對：在力量與對方相當的時候，我們可以反擊，緊緊抓住對方言語和行動的漏洞，義正詞嚴的和他理論，甚至是與他絕交。

而當我們明顯處於弱勢的時候，我們可以像晏子那樣，採取表面自嘲暗裡嘲笑對方的辦法，讓對方有火氣也發不出來，最後只能吞下自己釀下的苦酒。

人人都有敏感處，切忌輕易冒犯

在民間有這樣一個傳說：在龍的身上有一處鱗，被人們稱為「逆鱗」，就在龍喉下面直徑一尺的地方。而這一處的鱗都是倒著生長的，無論是誰只要是摸到了這一片鱗，那麼龍就會被激怒，最後吃掉他。

其實人和龍是一樣的，不管一個人的出身、地位、權力如何，也肯定有別人不能夠去觸摸的地方，而這個地方就是我們每個人的「雷區」。

由於每個人都有著不同的成長經歷，所以自身自然也會存在著缺陷和弱點，有可能是心理上的，也可能是生理上的。不管是什麼方面，這些都是人們不願意提及的事情，更是人們在社交場合當中極力隱藏和迴避的問題。

如果被別人說中自己的痛處，肯定是會使我們不高興的。特別是當一個人身上存在缺陷的時候，這個時候我們千萬不能用帶有侮辱性的語言來進行攻擊。

有時候，人是可以吃虧的，不管是明的還是暗地裡的，但是不能讓其吃沒有面子的虧。所以，不管是什麼人，只要你觸及到了他的「雷區」，那麼他肯定也會採取一系列的措施來反擊你。

如今，我們經常說「瘸子面前不說短，胖子面前不提肥」等等，其實這些就是在告訴我們，一些不方便說的事情最好不要說，這不僅是處理人際關係的一種訣竅，而且還展現了你對待朋友的一種態度。

在一家公司的某部門當中有兩位職員，他們兩個人的工作能力不分上下。所以當時他倆誰能夠先升到科長已經成為了大家關注的話題。但是由於這兩個人的競爭意識都比較強，很多事情兩個人開始唱反調。

等到最後馬上就要進行人事變動的時候，他們兩個人之間的矛盾變得更加嚴重，激化到了不可收拾的地步，甚至有好幾次，兩個人當著大家的面開始互相辱罵對方。

最後的結果是兩個人都沒有被提升，而科長這一職位被其他部門的同事獲得了。

這兩個人失敗的原因在於：在競爭的過程中沒有運用正當的手段，互相揭露別人的短處，甚至還在大家面前辱罵對方，也讓主管覺得他們都不夠資格。

對於一些有心計的人來說，可能早就知道最後的結果了，假如換成他們，說不定他們不會這麼冒失的挑起爭端，反而可能會先做好表面文章，讓別人覺得他懂得關心別人，什麼事情都為別人著想。

其實，我們每個人之所以有所忌諱，怕別人揭穿自己的短處，說到底還是由於自尊心的問題，怕自己沒面子。特別是在一些社交場合，每個人都希望能夠把自己最好的形象展現在眾人面前，所以就會更加注意自己在社交場合的形象，而這個時候，人們的自尊心和虛榮心都要比平時多很多。如果這個時候，你不給對方留下面子，那麼很有可能就會招致對方的反感，甚至最後結下仇恨。

心理學家研究發現，任何人都不願意把自己的錯誤或者是缺點當眾展示在別人的面前，一旦自己的缺點和錯誤當眾曝光的話，就會感到異常的難受和憤怒。所以我們在交際的過程中，一定要盡量避免去觸碰他人的「雷區」，更不要讓對方當眾出醜。

說到就要做到，不要畫餅充飢

古人云：「君子一言，駟馬難追。」身為大丈夫，就一定要信守承諾，只有遵守諾言的人才能夠贏得別人的信任。

誠信的美德會讓一個小人物也能處處受到歡迎，也會讓那些英雄好漢成為佳話。如果不能信守諾言，那麼小人物就非常難獲得別人的友誼，大人物則會因此而收穫惡果。

晏殊是北宋時期的大詞人，他寫過很多優美的詞句，而文人出身的他在仕途道路上也非常平順，晏殊曾做過輔佐太子讀書的「東宮官」，而這一切都跟他誠信做人是分不開的。

晏殊在小的時候就極其聰明，被當地人視為神童。有人把他推薦給了皇上，皇上對他也非常滿意，並且讓他參加當年的科舉考試。

當晏殊拿到題目後，發現這個題目他幾天前看過了，於是就如實的稟告了皇上，希望皇上能賜給他一個新的題目。皇上被晏殊誠信的行為感動了，立刻給他封了一個官職。

當時宋朝的文武百官都非常喜歡宴樂，城郊和京城的大小酒館裡經常能夠見到這些大臣們的影子。

而晏殊因為家裡貧窮去不起那些地方，就天天在家裡飽讀詩書。後來皇上對他說：「文武百官都去宴樂，唯獨你在家裡讀書。看來你的性情和人品真的是非常適合做太子的『東宮官』，你以後就任此職務吧。」

晏殊聽完之後連忙跪謝皇帝，同時解釋道：「吾皇萬歲，臣不去宴樂，並不是因為清廉自首，而是因為家貧。如果臣也有足夠的錢財，也一定會去宴樂的。」皇上聽完晏殊此言哈哈大笑，從此更加信任晏殊了。

晏殊正是因為自己的誠信而贏得了平順的仕途，也成為了後來很多文人效仿的榜樣。

還有這樣一個故事，尼泊爾的喜馬拉雅山南麓，初期是很少有人觀光的，但是後來卻吸引了大量外國遊客，特別是日本遊客來此遊覽，而原因據說是因為一個非常講究誠信的少年。

據說那時有一個日本遊客來到那裡觀光，他感到有些口渴，於是就請當地的一位尼泊爾少年為他買十瓶啤酒。

可是過了兩天，這個少年也沒有回來，遊客們就開始猜測是不是那個少年拿了錢就跑了。可是等到第三天的時候，那個少年終於回來了，他把啤酒遞給那位遊客，並向他解釋說：「我去離這裡最近的商店買，結果只買到四瓶，我只好再翻過一座山，在那裡的一家商店買了六瓶，誰知回來的路上有兩瓶啤酒打碎了，於是我不得不返回去又買了兩瓶。」日本遊客聽完孩子的話，被這位少年的誠信感動了，回到日本後就把這個故事傳開了。

於是，每年都有大量的遊客因為這個動人的故事而被吸引到這裡來觀光旅遊。

可見，誠實守信是一個人的立身之本，也是一個人結交人脈的基石。凡是成功的大人物都會花大力氣建立自己誠實守信的形象。

據說當年李嘉誠在生意中與人借錢的時候，無論遇到多麼苦難的情況，一定會如期還給借貸的人。為此李嘉誠建立了自己的良好誠信，從而讓每個人都願意與他合作，最終成就了他華人首富的地位。

在我們與人交往的時候，我們也應該做到一諾千金，誠信做人。答應別人的事一定要做到，如果許下諾言，就一定要兌現。這樣才能贏得可靠的朋友，獲得成功的事業。

不要獨占風光，給他人表現的機會

「面子」到底是什麼東西呢？說到底其實就是尊嚴。

「面子」是一件很重要的事情。為了「面子」，小則翻臉，大則鬧出人命；如果你對「面子」問題比較不重視，那麼只能說明你注定是一個不受歡迎的人；如果你只顧自己的面子，而不去考慮他人的面子，那你肯定有一天會吃虧的。所以，我們在交往的時候，在為自己爭得面子的同時，也別忘記給別人也留些尊嚴。

有一家公司成立二十週年的慶典，發了不少的請帖，結果許多人紛紛派代表前來賀喜，而按照習慣，來賓往往是有級別高低之分，親近遠疏之別。但是人多事雜就免不了在安排上有疏漏，結果就把應該安排在主席臺上就座的嘉賓給遺忘了，沒讓人家上去亮亮相，並且還在主持人的主持詞中把這家公司名稱念錯了，結果人家非常氣憤，轉身就要回去。

因為他的理由很簡單，他並不是以個人名義來參加的，而是代表公司來賀喜的。你們不給我公司「面子」，那我只好走人，最後鬧得是雙方非常不愉快。

可見，一個公司同樣是不能夠沒有「面子」的，「人為一口氣，佛為一炷香」，為公司爭「面子」那麼自然就更加理直氣壯了，丟得起那份差事，但是卻丟不起那張臉。

一個國家要面子，一個公司也要面子，一個老百姓同樣也要面子，只是所不同的是「面子」的「裝飾」不同，要求也不一樣罷了。所以「面子」問題我們確實不能夠小看。

琴周克拉是美國一家木材公司的推銷員，他多年來與那些冷酷無情的木材審查員打交道，也經常發生口角，雖然最後的結果往往是他贏，但是公司卻總是賠錢。為此，他改變了策略，不再與別人發生口角。

有一天早上，當他辦公室的電話鈴響起的時候，一個人急躁不安的在電話裡通知他說，琴周克拉給他的工廠運去的一車木材都不合格，他們已停止卸貨，要求琴周克拉立即把貨從他們的貨場運回去。

原來在木材卸下四分之一的時候，他們的木材審查員報告說這批木材低於標準百分之五十，鑒於這種情況，所以他們拒絕接受木材。

於是，琴周克拉立刻動身前往那家工廠，一路上想著怎樣才能最妥當的應付這種局面。通常在這種情況下，他一定會找來判別木材等級的標準規格據理力爭，並且根據自己作了多年木材審查員的經驗與知識，力圖讓對方相信這些木材達到了標準，而是對方的錯誤。

但這次他決定改變之前的做法，打算用新學會的「說話」原則去處理問題。當琴周克拉趕到場地，看見對方的相關人員一副氣憤的神態，擺開架勢準備吵架。

琴周克拉陪他們一起走到卸了一部分木材的貨車旁，認真詢問他們是否可以繼續卸貨，這樣琴周克拉可以看一下情況到底怎樣。

琴周克拉還讓審查員像剛才那樣把要退的木材堆在一邊，把好的堆在另一邊。看了一會兒琴周克拉就發現，原來是對方的審查過於嚴格，判錯了標準。因為這種木材是白松，而審查員對硬木是內行，但是卻不懂白松木。

而白松木恰好是琴周克拉的專長。不過琴周克拉一點也沒有表示反對審查員的木材分類方式。

琴周克拉一邊觀察，一邊問幾個問題。琴周克拉的態度顯得非常友好，並告訴他說他們完全有權利把不合格的木材挑出來。這樣一來，審查員也變得熱情起來，他們之間的緊張開始消除。逐漸的，審查員整個人的態度都變了，他終於承認自己對白松毫無經驗，開始對每一塊木料重新審查，並且虛心請教琴周克拉的看法。

最後，他們接受了全部的木材，而且琴周克拉還拿到了全額的支票。

一提到批評，人們馬上就會聯想到緊張的氣氛和不愉快。但是婉言卻能夠讓批評在輕鬆愉快的氣氛中進行，琴周克拉不僅給了審查員面子，而且還達到了自己的目的。

在當今社會，有很多年輕人經常犯這樣的錯誤：自以為有些見解，自以為有口才，逮到機會就會大發評論，把別人批評得一無是處，而他自己卻還覺得很是痛快。

俗話說：「人活臉，樹活皮。」每個人都有自己的「臉皮」觀念，而這關係到一個人的尊嚴和地位。當你面對失敗者，或者是弱勢群體，如果想不到這一點，因為自己優越就無情的剝掉別人的面子，傷害別人的自尊心，抹殺別人的感情，這樣的舉動其實就是在為自己的禍端鋪路，總有一天會讓你吃到相同的苦頭的。

所以，我們在社會上求生存，必須了解到這一點，這也是很多老於世故的人，寧可放低姿態把高帽子一頂頂的送，也不願意輕易在公開場合說一句批評他人話的原因，因為這樣做既能保住別人的面子，同時也能為自己贏得面子。

切忌自以為是，趾高氣揚招人煩

人都喜歡高高在上，這其實是源於一種個人地位、財產、知識等方面高於普通人而產生的一種優越感，這種優越感會展現在人的表情、語言和動作上。高高在上可能會給你帶來暫時的心理上的滿足，但是它會在不知不覺當中損傷你的人脈，就好像是一句順口溜說的：「高高在上，前途無亮。」可是你想想，如果失去了人脈的支持，前途怎麼會光明呢？

有一個新上任的年輕軍官想要在火車站打個電話，可是他翻遍所有的口袋，也沒有找到零錢。他打算到車站外看看有沒有人能幫他的忙。這個時候有一位老兵走了過來。年輕軍官攔住他說：「你有十便士零錢嗎？」

「等一等，我找找看。」老兵忙把手伸進口袋。

「難道你不知道對軍官應該怎麼樣說話嗎？」年輕軍官非常生氣的說道：「現在讓我們重新開始。你有十便士零錢嗎？」

「沒有，長官。」老兵迅速的立正回答道。

這位老兵的口袋裡真的沒有十便士的零錢嗎？也許未必，他之所以這麼痛快的說沒有，其實原因只有一個，正是因為這位軍官的態度過於驕橫了，而他這樣高高在上的樣子誰看了都會覺得不舒服，怎麼會借給他錢呢？

高高在上的人，最容易傷害他人的尊嚴。他不會用平等的眼光看待別人，他總是覺得自己高人一等，別人在他的眼中都是「下等人」，只配給自己當配角，打下手。但是他卻忽視了一個問題，也許別人的才學不如他，也許別人的經驗不如他，也許別人的財力不如他，但是，別人的自尊卻不一定不如他。所以，當你那瞧不起人的目光落在他人眼中的時候，你已經觸動了他心中最寶貴、最不能傷害的部分，那就是尊嚴。真的很難想像一個被你看不起的人會怎樣對你？

西漢劉向撰寫的《說苑》一書中，記載了一個的故事。

魏國著名的將領吳起愛兵如子，在進攻中山國的時候，吳起作為領軍大將，看到自己的士兵得了病，居然親自跪在地上，為士兵吸去傷口的膿。當時士兵的母親看見了這番景象，當場就哭了，其他的人也覺得非常奇怪，問他：「吳將軍對你的兒子這麼好，你為什麼要哭呢？」

士兵的母親回答說：「當初孩子的父親也是吳起將軍的部下，孩子父親有病的時候，吳起將軍也是這樣對待的，他的父親為了報答將軍之恩戰死了，今天將軍這樣對待我的兒子，那麼他自然也會奮戰而死的，所以我才哭的。」

這其實正應了一句古話，叫做「士為知己者死」，古人把他人，特別是地位高於自己的人對自己的平等看待，上升到了知己的高度，並且願意為之付出生命的代價。

高高在上也是非常容易挫傷他人積極性的。高高在上的人一般不屑於去做具體而細緻的工作，不僅如此，他也看不起從事所謂細小工作的人，對於別人所做的工作，他可能會沒有根據的挑三揀四，百般刁難，甚至是不屑一顧，視而不見。當一個人辛辛苦苦工作，做出了自己滿意的成績，但是卻沒有得到對方最基本認同的時候，怎麼還會有做好工作的積極性呢？

其實，高高在上的人，最終傷害的還是自己。高高在上的人，總是會千方百計維護自己所謂的權威，當他們覺得自己的權威受到挑戰的時候，往往就會做出一些偏激的反應。除此之外，由於他們的高高在上，自然不太容易聽到朋友的建議，不接受下屬的意見，完全把自己封閉在高高在上的雲端裡，更容易導致盲目的自我膨脹，最終難免跌下雲頭。

在累積人脈資源的過程中，我們每個人都應該放下架子，平等的對待身邊的每個人，只有這樣才能夠打開別人的心靈窗戶，而如果你一味高高在上的話，你最終會失去朋友、夥伴，當你發現只剩下自己孤零零一個人的時候，這個時候才會明白，失去別人的參照，你的位置根本就不存在所謂的高與低了。

第十一章

經營職場人脈：成為玩轉職場的高人

不要讓老闆綳著臉，活躍職場氣氛

「老闆老闆，老板著臉，總裁總裁，總想著裁人。」這已經成為了職場上的一句比較流行的戲言。老闆作為一個企業的領導者，每天都要面對千頭萬緒的事情，心理承受的壓力可想而知。所以，「老闆綳著臉」也就不足為奇了。

而作為員工，和這樣「老闆綳著臉」的主管相處，內心的壓力可謂不小，甚至可以說是戰戰兢兢，而這樣的局面對於大家來說都不好，因為誰也不願意生活在壓抑之中，那麼如何才能解決這個問題呢？直接改變老闆的做法顯然不太明智，也只有從我們自身做起，用間接的方式讓老闆不再「綳著臉」。

也許你所在的職位是非常平凡的，並不容易被注意，但是當老闆站在你身邊的時候，你必須要拿出你的百倍精神來，讓老闆知道你對這份工作到底是多麼的熱愛，當公司裡需要人手加班的時候，只要你覺得自己能夠做好，那麼你就應該勇敢的站出來，給老闆留下一個深刻的印象，讓老闆覺得你是人才，是金子。他對你的第一印象好了，自然也就不會隨便給你臉色看了。

除此之外，我們還要摸清楚老闆的脾氣秉性，從而根據老闆的脾氣秉性對症下「藥」。人的性格往往是多種多樣的，我們一定要根據對方的性格特點來做出相對的改變，比如對內斂型的主管，你要學會的就是多聽、少說、多做，透過老闆的言談舉止，從而揣摩老闆的心理狀態和需求；而對於豪放型的主管，你要小心從事，千萬不要讓對方挑出你的毛病，並且在外交場合上要陽剛一些；而對於挑剔型的主管，要多請示，多彙報，多把功勞往主管頭上推，讓他沒有辦法挑三揀四；而對於奸詐型的主管，最好是敬而遠之，揮手說聲再見，假如暫時離不開他的話，那麼也一定要提起十二分的警惕來，避免中了他的圈套。

總而言之，面對老闆，我們要做到兢兢業業，心底無私，積極樂觀，並且有禮有節，讓老闆再也不「繃著臉」了。

努力工作，比主管想像中做得更好

一個人對待生活以及工作的態度將決定他的一生。一個人能不能把一件事情做好，其實他的心態是非常關鍵的。很多人遇到問題時，總想著找各種藉口為自己開脫，甚至到了最後養成了找藉口的習慣，這對於一個人的個人發展是非常不利的。

美國著名成功學家格蘭特納說：「如果你有自己繫鞋帶的能力，你就有上天摘星星的機會。」

有的時候你可能是在無意識的去尋找藉口，特別在工作當中出現了問題，很多人都不是主動積極的解決問題，而是千方百計的尋找藉口，這樣不僅讓自己的工作沒有什麼成效，而且也會讓老闆和同事反感。

如果長期下去，藉口就成了大家的擋箭牌，事情一旦做不好，就會拿出各種各樣的藉口來開脫自己，從而換得別人的理解和原諒。

有這麼一個故事：

在一片水塘當中，有一隻面目猙獰的水鳥正要吃掉一隻青蛙。只見青蛙的頭部和大部分身體已經被水鳥吞進嘴裡了，只露出青蛙那兩雙腿在無力的做著掙扎。可是沒有想到的是，到了最後，青蛙居然將自己的前爪從水鳥的嘴裡掙扎了出來，而且還趁水鳥不注意時，用力把牠的脖子死死的掐住了。

其實，這故事就是在告訴我們，在任何時候都不能輕易放棄。不輕易放棄，不要總想著為自己找藉口，而應該積極努力的去尋找解決問題的辦法，這才是我們高效做事的原則。

在我們的身邊可能經常看到這樣一些人，他們有很多的目標需要去實現，他們在剛開始的時候，總是會去努力奮鬥，用心去做，但是做著做著可能由於這個過程太艱難了，他們的內心就開始動搖了，對自己的目標也越來越沒有信心，對工作也越來越厭倦，最後總是半途而廢，而當別人問他們為什麼沒有堅持下來時，他們又開始尋找各種各樣的藉口來給自己找回面子。

下面是一個非常感人的例子，看完之後也許就會讓我們覺得不為自己找藉口的人是多麼令人尊敬。

一個漆黑的夜晚，墨西哥城裡正在舉行一場比賽。坦尚尼亞的奧運馬拉松運動員艾克瓦里非常吃力的跑進了奧運會的體育場，他在這次比賽裡是最後一個抵達終點的運動員。

當艾克瓦里抵達終點的時候，這場比賽的冠軍早就領完了獎盃，而且頒獎儀式也已經結束了。所以當艾克瓦里抵達體育場的時候，可以說體育場裡面的人已經寥寥無幾了。

而艾克瓦里當時的雙腿上都已沾滿了鮮血，還綁著繃帶，他努力繞著體育場跑了一圈，最後終於到達了終點。

非常湊巧的是，在體育場的一個角落裡，享有國際美譽的著名記錄片、製作人葛林斯班正在遠遠看著這一切。最後葛林斯班的好奇心終於驅使他走到體育場當中，詢問艾克瓦里為什麼要這麼吃力的堅持跑到終點。

艾克瓦里雖然沒有什麼力氣了，但是他回答的嗓音卻非常洪亮，他說道：「我的國家辛辛苦苦從兩萬多公里之外把我送到這裡，不是讓我在這場比賽當中逃跑的，而是讓我來完成這場比賽的。」

所以說，我們千萬不要輕易找任何藉口，更不要有任何的抱怨，職責是我們做事的準則。我們應該保持一顆積極而絕不輕易放棄的心，堅持把自己想要做的事情做下去。即使到頭來可能會失敗，但是我們依舊可以從失敗當中得到教訓，而把這一次失敗看成是新的開始，朝著更大的目標繼續前行，這樣才能贏得同事和主管的信任和尊重，利於職場人脈的發展。

做出成績之後，感謝主管為你創造的機會

對於做下屬的來說，最忌諱的就是自誇其功，自矜其能，這種人十有九個都會遭到猜忌，最後落得不好的下場。

當年劉邦曾經問韓信：「你看我能夠帶多少兵？」韓信說：「陛下帶兵最多不能超過十萬。」劉邦又問：「那麼你呢？」韓信說：「我是多多益善。」對於這樣的回答，劉邦怎麼能不耿耿於懷呢？韓信的命運自然可想而知了。

那麼，怎麼做才能既可以得到建功立業所帶來的好處，受到上司長期的寵愛，又能夠避免因此而產生的危險呢？其實有一個妙招，那就是「有功歸上」。

如果你是下級，那麼儘管賣力、賣命，然後將一切功勞、成績、好名聲都歸之於主管，而將過錯、罵名留給自己，用現在流行的一句話說，就是「做得好是由於上級主管的英明、偉大，做得不好是由於我們執行上級主管的決策不夠得力，能力不足」。試想，如果你是這樣的屬下，那麼哪一個主管能不喜歡你呢？

唐朝的李泌深諳「有功歸上」之道。李泌在唐代中後期的政壇上，是一位頗有名氣的人物。他於玄宗、肅宗、代宗、德宗四代皇帝時期任職，在朝野當中是很有影響的人物。

唐德宗時期，李泌擔任宰相，西北的少數民族回紇族出於對他的信任，要求與唐朝講和聯姻，這可給李泌出了一個難題，從安定國家的大局進行考慮，李泌是主張同回紇恢復友好關係的。但是德宗皇帝因為早年在回紇人那裡受到過羞辱，所以對回紇懷有深仇大恨，堅決拒絕。

就這樣，事情僵在那裡。正巧這個時候，駐守西北邊防的將領向朝廷發來告急文書，要求給邊防軍補充軍馬，其實這個時候的大唐王朝已經空虛得沒有這個力量了，唐德宗一籌莫展。

李泌覺得這是一個可以利用的時機，於是便對德宗說：「陛下如果採用我的主張，那麼幾年之後，馬的價錢會比現在低十倍。」

德宗忙問到底是什麼主張，他不直接回答，首先賣了一個關子，說：「只有陛下出以至公無私之心，為了江山社稷，屈己從人，我才敢說。」

德宗說：「你怎麼對我還不放心呢，有什麼主張你就趕快說吧。」

李泌這個時候才說：「臣請陛下與回紇講和。」

德宗斷然拒絕道：「你別的什麼主張我都能夠接受，只有回紇這事，你再也別提，只要我還活著，我是絕不會同他們講和的，等我死了之後，子孫後代怎麼去處理，那就是他們的事了。」

李泌知道，喜歡記仇的德宗皇帝是不會輕易被說服的，如果操之過急，言之偏激，到最後不僅辦不成事情，反而還會招致皇帝的反感，從而給自己帶來禍殃。

於是李泌便採取了逐漸滲透的辦法，在前後一年多的時間裡，經過多達十五次的陳述利害的談話，最後才將德宗皇帝說通。

李泌又出面向回紇族的首領做工作，使他們答應了唐朝的五條要求，並對唐朝皇帝稱兒、稱臣。

這樣一來，唐德宗既擺脫了困境，又挽回了面子，自然是十分高興，唐朝與回紇的關係終於得到了和解，這完全是因為李泌歷經艱苦，一手促成的。

唐德宗非常不解的問李泌：「回紇人為什麼這樣聽你的話？」

如果是一個浮薄之人，那麼必然會大誇自己如何聲威卓著，令異族畏服，顯示出自己比皇帝都高明，這樣一來必然會遭到皇帝的猜疑和不滿，可是李泌卻是一個極富政治經驗的人，他對自己的功勞一字不提，只是恭敬的說：「這全都仰仗陛下的威嚴，我一個人哪有那麼大的力量啊！」

當德宗聽了這樣的話，怎麼能夠不高興，怎麼能夠不對李泌更加寵信呢？

李泌在處理這樣一種非常棘手的上下級關係的時候，顯示了官場當中的智慧：得罪人的事情我攬下，出頭露臉買好的事情都歸上司，只有這樣才能夠立足、受寵。

不輕易與同事交心，也不在同事中樹敵

同事之間的關係是一種很難把握的關係，小小的辦公室，方寸之地，同事之間的摩肩接踵、碰撞摩擦，各種情況都有可能發生，而最好的解決辦法就是讓彼此之間的距離不遠不近。

不遠不近所要掌握的原則就是，關係要融洽，要合作，但是也要拒絕過度的親密。因為同事並不是親人，不會血濃於水，不會太親密；也不是朋友，但是可以脾氣相投，彼此之間也可以相互信任；而同事之間則是為了共同的目的一起努力，一起工作，而在工作之後，就各自有各自的生活圈子。

所以，和同事之間應該多談一些公事，少談一些私事，特別是那些關於隱私的問題，最好不要提及。只有這樣，你們之間的關係才能讓你和同事和諧的相處，愉快的合作下去。

當我們在與某個同事相處的時候，有的時候會覺得共同語言多一點，但是需要我們注意的

是，如果處理不當，就會遭來其他同事的排擠或是妒忌。例如：當你與某一個同事之間過於熱情，或是你與某一個同事過於「獨來獨往」，都是不能夠讓同事非常高興接納你的。下面讓我們看一個現實工作中的例子供大家參考。

小麗剛剛到一個公司上班，由於性格活潑，沒多長時間，就和辦公室裡面的每個人熟識起來。在開始的一段時間裡，大家都還非常喜歡她。但是漸漸的，大家都會有意無意的避開她。小麗對此感到非常的困惑。

原來，小麗總是毫不避諱的表現出她的「熱心腸」。比如前幾天王姐剛剛買了一條裙子，非常漂亮，小麗追在王姐後面開始詢問王姐價錢，王姐本來是不想說的，但是看她追問不停，於是就悄悄告訴她，自己花了五千元買的。

可是沒有想到，小麗覺得大家都是同事，說出來也無妨，回到辦公室之後就和其他同事說了。結果就導致了許多同事對王姐的薪水和背景指指點點。

這樣的事情次數多了以後，大家就有意無意的疏遠她了，因為大家都害怕自己一不留神的一句話被她聽到，最後變成大家茶餘飯後的議論話題。

而相比之下，小娟的做法就可圈可點了。作為辦公室的新人，小娟深深知道自己什麼該問什麼不該問，什麼應該說，什麼不該說。平時遇到工作上的問題，小娟總是會立刻向其他同事請教，而且在之後還會很客氣的道謝，所以大家都非常喜歡和她交往。

在一次中午休息的時候，小娟坐在公司附近的餐廳裡跟朋友通話，不遠的桌子旁坐著辦公室的另外一個同事。突然，從門外面衝進來一個氣勢洶洶的女人，走到小娟的同事面前，上去就是一巴掌，嘴裡還罵著「狐狸精」。

小娟看到之後先是一愣，但是立刻反應過來，拿出了面紙給同事遞了過去，然後一聲不響的離開了。

下午，在辦公室見到了那位同事，小娟就好像什麼事情也沒有發生過一樣。偶爾在走廊聽到大家議論的聲音，小娟也沒有參與議論。

在辦公室工作的這段時間裡，沒有一個人會因為小娟是新人而欺負她，更沒有一個人因為她的做事能力強而嫉妒和疏遠她。

在辦公室當中，你到底該做小麗還是做小娟呢？其實，透過她們兩個人的為人處世，就能夠輕而易舉找到答案了。

人多的地方自然是少不了是非的，你應該明白，對於那些能夠和自己意氣相投的人，則可以發展成為朋友，而對於那些和自己性格背道而馳的人，把他們當成是自己生命中的過客又何妨呢！

在與同事相處的時候，多和同事進行工作方面的溝通，千萬不要干涉同事們的私事，凡事都要留一個心眼，留有分寸，可進可退這才是正道。

讓老闆幫助你，你的職場之路更好走

現如今在職場當中，很多人總是有喜歡抱怨老闆的癖好。也許在大家的潛意識當中，總是認為員工和老闆之間似乎天生就是對立的關係，大部分人對老闆總是牢騷滿腹，認為老闆學歷低、素養低、小氣吝嗇、能力不濟、窮凶極惡……其實，這些抱怨無外乎都是在宣洩你的個人情緒。

有一句話說得好：「讀萬卷書，不如行萬里路；行萬里路，不如閱人無數；閱人無數，不如與成功者同步。」在我們身邊的成功者都可以看成是我們的老闆。

職場就好像江湖，出來混，如果沒有一個強大的「後臺」肯定是不行的。江湖裡面的所有人都能成為老大，可是在職場當中，並不是任何人都能夠成為老闆。能夠成為你老闆的人，那麼一定有你所不具備的能力。

有一隻狼從兔子身邊走過，兔子這一次並沒有像往常一樣嚇得拔腿就跑，而是依舊坐在石頭上面思考著。狼覺得非常好奇，於是走過去問道：「你為什麼不跑了，難道你不怕我吃了你嗎？」兔子回答道：「從現在開始我不會怕你了，因為我已經知道怎麼樣可以打敗你。」

狼聽完了兔子的話，哈哈大笑，說道：「你簡直是太不自量力了。」「那我們現在就到後面的山洞當中比試比試！」兔子大聲說道。「比就比，我還怕你不成。」於是，狼一臉不屑的和兔子走進了山洞。

不一會，山洞裡面就傳來了狼的慘叫聲，然後兔子悠閒的走了出來。而在山洞當中，一隻獅子正在眯著眼睛剔著自己的牙齒。這個時候兔子趴在石頭上寫道：「一隻動物能力的大小，並不是看牠的力量有多大，而是要看牠的幕後的老闆是誰。」

假如不是有獅子給兔子做強大的後盾，那麼兔子是絕對不敢和狼決鬥的。這個故事可能不太貼切，但從一定程度上也可以說明，找到一個老闆作後盾，讓他幫助你，方可萬事無憂。

當你因為老闆給你過多的任務而抱怨的時候；當你因為老闆對你批評而感到不服氣的時候，你應當想到：一個嚴格苛刻的老闆，他們往往是最能夠造就出優秀人才的職場人士，這樣的老闆能夠教會你許多一般人所不具備的方法和技巧，並且充分挖掘你的潛力。而大多數人對於老闆的批評是無法忍受的，經常會因為老闆的苛責，選擇辭職。

成功的人往往都是在人格、品行、道德和學問當中勝人一籌，與他們在一起，你能夠吸收到各種對自己有益的成分，為自己的發展達到推波助瀾的作用。所以，我們一定要運用公司這個平臺，多向自己的老闆學習，積極的工作，這樣你才能少走很多人生發展的彎路。

上司就是梯子，借梯你可升天

在職場打拚多年的人，有誰不想升遷、加薪，事業收入兩得意呢？但是，大多數人都是苦於「升遷無門」，入職很多年了，回過頭來卻發現，自己仍然是原地踏步。

那麼，大家到底有沒有想過自己仕途不順的原因究竟是因為什麼呢？事實上，想要快速晉升，最好的辦法就是借助上司。你要明白，上司永遠是在工作中給予你幫助最多的人，他具有扭轉乾坤的神奇力量，有他的鼎力相助，那麼肯定能夠讓你得到快速的提拔。所以，讓上司為你的升遷之路指點迷津，這其實就是你晉升的最快的路線。

在我們進入職場之後，文憑的作用會慢慢淡化。工作履歷，工作業績，這個時候會變得越來越重要。所以，要想快速實現自己的理想，那麼就必須借助外界的力量，尋求上司的提攜，這就是一條捷徑。

如果你能夠成為上司眼中的紅人，那麼他不僅會在工作當中指導你，幫助你，督促你事業的發展，為你提供諮詢，在人際矛盾中幫你排除困難，而且還會對你的晉升助一臂之力。

有很多人都這樣說：「我的老闆或上司，根本就沒興趣培養我，甚至冷落我，對我愛理不理，還有就是我的老闆或上司能力不行，從他那裡根本學不到什麼。」無論你的上司或者老闆在你眼中有多麼差，但是你應該明白，他既然能夠坐在那個位置上，一定是有其道理的，從他們身上，你一定能夠學到東西。

除此之外，我們大多數人對上司都有一種敬而遠之的心態，總是不喜歡與其溝通，如果你不和老闆多溝通，那麼老闆可能永遠也不會了解你的想法，你也可能一直都得不到提拔，所以，讓我們嘗試著多和上司溝通，在眾多員工當中，你也許真的會很快脫穎而出。

不可忽視下屬的力量，他們是最得力的助手

在一個企業當中，主管和下屬的關係可以說永遠都是非常微妙的。下屬過於優秀，主管可

能就會擔心自己被超越而地位不保；如果下屬過於平庸，那麼主管又會擔心被拖累了，從而丟了飯碗。

但是毫無疑問的是，更多的領導人物還是喜歡那些優秀的下屬，雖然他們可能在某些方面已經超過了自己，甚至還會讓自己感到威脅，但是聰明的主管懂得，只要對他們的才能加以引導、巧妙利用，那麼不僅可以把這樣優秀的下屬培養成為自己的得力助手，而且還能夠把他打造成自己的一棵「搖錢樹」。

當然，話說起來簡單，但是做起來卻非常難，想讓主管培養那些看似比自己還要優秀的下屬，確實不是一件容易的事情。

很多主管，特別是一些中層主管，擔心下屬會功高蓋主，從而威脅到自己的位置，甚至是被越位提拔，有損自己的面子。所以，他們只是選擇才能、知識、才華低於自己，功勞小於自己的員工，從而確保自己可以在這個位置上安然無恙，悠然自得。

美國著名的歷史學家諾斯古德．帕金森指出：一個不稱職的官員，有三條出路。第一是申請退職，把位子讓給那些能幹的人；第二是讓一位能幹的人來協助自己的工作；第三是任用兩個水準比自己更低的人當助手。

對於這第一條路，百分之九十九的人是不會選擇的，因為那樣就等於會喪失許多權力；第二條路百分之八十的人也是不會選擇的，因為那樣就等於讓能幹的人成為了自己的對手。看來只有第三條路最為合適，於是，兩個平庸的助手就分擔這位老闆的工作，而老闆則可以高高在上發號施令。既然兩個助手沒有什麼能力，也就上行下效，各自為自己再找兩個無能的助手。那麼如此類推，就會形成一個機構臃腫、人浮於事、相互扯皮、效率低下的領導體系，這顯然是非常不利於企業發展的。

美國著名的廣告公司，奧美廣告公司的創始人、著名廣告權威大衛・奧格威愛向每位新到任的部門經理都會送一件禮物，那就是一隻木娃娃。

這木娃娃非常奇特，大娃娃內套著中娃娃，中娃娃內套小娃娃，而小娃娃內側有一張紙條，上面寫著：「如果我們每個人都只雇用比我們小的人，那麼我們的公司就會變成一個矮人國，侏儒成群；但是如果我們每個人都能夠雇用比我們自己高大的人，那麼我們就能夠成為巨人公司。」

也正是因為奧美公司敢於超越自己，敢於使用強人、能人，才使得奧美公司從一個小公司，最後發展成為了世界五大廣告公司之一，而大衛・奧格威愛的身家也從此直線飆升。

很明顯，正是大衛・奧格威愛善於利用優秀下屬的英明決策，才能夠讓他實現了自己的財富夢想。當然，他人生和事業的成功，自然也是離不開這些「搖錢樹」的功勞！

領導者要敢於任用比自己才能更高的人，這樣才能夠成就事業。如果不敢用比自己強的人，嫉賢妒能、排斥異己，不敢使用比自己強的人，或者是對才能超過自己的人、欲置之死地而後快，這樣的心態只會害了自己，也害了整個企業。

領導者沒有必要任何事情都高明於下屬，最為關鍵的是能夠容忍下屬比自己強，更要善於發揮自己的才能。

《財富》雜誌曾經對 CEO 失敗的原因進行了長期的分析，找出了六大原因，其中一條就是「缺乏處理人的能力」。而不敢用比自己「高」的人，這就是「缺乏處理人的能力」的一種典型表現。

作為一個優秀的領導者，其實就是一個出色的織錦人，只有善於借用下屬人員的智慧，才能夠編織出美麗的錦裳；也只有下屬當中人才輩出，才能夠錦上添花。

合夥人不是敵人，處處設防傷感情

石油大王洛克菲勒曾經說過：「我獲得成功的奧祕，就在於有一大批人在工作當中真誠的合作。」有人做了一個比喻：一般人的做法就好像是打麻將，看住上家，扣住下家，防住對家，到頭來是我做不成，你也做不成。而成功商人的做法就好像是下圍棋，你占這個點，我就占那個點。換句話說，你賣汽車，我就開旅館。大家在競爭當中進行著合作，在合作當中存在著競爭，這樣就可以聯手造勢，有模有樣。

市場競爭的激烈程度已經讓很多的創業者感到舉步維艱了，而單打獨鬥的創業專案及其成功的機率幾乎為零，對於絕大多數成功的創業者來說，有的是創業的私人企業，有的是夫妻創業，還有的是兄弟打拚，也有的是家族內人員的結幫。透過這些不難看出，在合作當中尋求發展，與人聯手創業，在創業初期發揮著極大的推動作用。

一個人賺錢沒有什麼了不起，只有在合作當中共同發展，才是最明智的發展之道。而且，一個能夠成為你競爭對手的人，一定也是能夠對你產生威脅的人，這其實也說明他是有實力的。如果與這樣的對手合作，正所謂「一加一大於二」，必然是雙方受益，自己也會在與高水準的對手合作過程中學到很多寶貴的經驗。

當年喬丹在球技上的優勢可以說是無人能敵，但是他還是選擇與別人合作，因為他知道，與強者合作，會讓自己變得更強。

喬丹在公牛隊的時候，皮朋是最有希望超過喬丹的新秀，當時他經常流露出一種對喬丹不屑一顧的神情，而且還經常說喬丹在某些方面不如自己，自己一定能夠把喬丹搬倒。但是喬丹卻並沒有把皮朋當成是潛在的威脅，而進行排擠，反而對皮朋處處加以鼓勵，希望能夠與自己愉快的合作。

有一天，喬丹問皮朋：「我們兩個的三分球誰的比較好？」皮朋有點不高興的回答：「你明知故問，當然是你。」但是喬丹微笑著說：「不，是你。因為你投三分球的動作不僅規範，而且自然，很有天賦，以後你也一定會投得更好，而我投三分球還是有很多弱點的。」喬丹還對皮朋說：「我扣籃多用右手，習慣的用左手幫一下，而你左右卻都非常自如。」這一細節連皮朋自己都不知道，這個時候，他開始為喬丹的無私而感動。

從此之後，皮朋和喬丹也就成為了最要好的朋友、最默契的合作夥伴。皮朋也成為了公牛隊史上十七場比賽得分首次超過喬丹的球員，而喬丹這種無私的品質則為公牛隊注入了強大的凝聚力，為公牛隊創造了多個神話。

與對手進行合作，除了「一加一大於二」能夠帶來的直接利益之外，還會在對手的壓力下認識到自身的不足，從而增加奮鬥的熱情，讓你不敢懈怠，不敢鬆勁。

正所謂「生於憂患，死於安樂」，我們會在強大對手的影響下產生一種憂患意識，從而能夠讓你持續努力、不斷進步，變得越來越強大。

特別是現如今這個充滿競爭的時代，我們每個人都希望自己能夠脫穎而出，成功駕馭事業。但是有的時候，決定你成功與否的很大的因素其實在於你的對手。

當你的對手是一個勁敵的時候，你才會感到壓力，從而激發你上進的動力，並且會不斷努力的戰勝他。

競爭其實也是一種進步的展現，由於競爭會讓參與者都有了對手，等於逼著我們每個人銳意進取，否則就會被淘汰。可以說，是對手讓你進步，刺激你衝刺。而一個人如果失去了對手，那麼就會甘於平庸。一個群體如果失去了對手，就會因為在潛移默化中相互依賴，從而喪失掉活力和生機。而一個行業如果失去了對手，就會喪失進取的意志，就會因為一直安於現狀而逐步走向衰亡。

但還有很多人不明白這個道理，他們都把對手看成是心腹大患，恨不得馬上除之而後快。

其實，能夠與一個強勁的對手合作，這反而是一種福分。因為對手讓你有了危機感，讓你產生了競爭力；與對手合作，你也就不得不奮發圖強，不得不革故鼎新，否則，就只有等著被淘汰的結局。

電子書購買

國家圖書館出版品預行編目資料

被利用的價值：互利人脈關係學，打造最穩固商業友誼 / 劉惠丞著 . -- 第一版 . -- 臺北市：清文華泉事業有限公司, 2021.11

面； 公分

ISBN 978-986-5486-86-0(平裝)

1. 職場成功法 2. 人際關係

494.35 110016341

被利用的價值：互利人脈關係學，打造最穩固商業友誼

作　　者：劉惠丞

發 行 人：黃振庭

出 版 者：清文華泉事業有限公司

發 行 者：清文華泉事業有限公司

E-mail：sonbookservice@gmail.com

粉 絲 頁：https://www.facebook.com/sonbookss/

網　　址：https://sonbook.net/

地　　址：台北市中正區重慶南路一段六十一號八樓 815 室

Rm. 815, 8F., No.61, Sec. 1, Chongqing S. Rd., Zhongzheng Dist., Taipei City 100, Taiwan (R.O.C)

電　　話：(02)2370-3310　　**傳　　真**：(02) 2388-1990

印　　刷：京峯彩色印刷有限公司（京峰數位）

定　　價：375 元

發行日期：2021 年 11 月第一版

臉書　　蝦皮賣場